**Bakary DAGNO**

# Impactos do tráfego rodoviário na qualidade do ar em Bamako

Bakary DAGNO

# Impactos do tráfego rodoviário na qualidade do ar em Bamako

ScienciaScripts

Publisher:
Sciencia Scripts
is a trademark of
Dodo Books Indian Ocean Ltd. and OmniScriptum S.R.L publishing group

120 High Road, East Finchley, London, N2 9ED, United Kingdom
Str. Armeneasca 28/1, office 1, Chisinau MD-2012, Republic of Moldova, Europe
Printed at: see last page
**ISBN: 978-620-8-02879-4**

# DEDICAÇÃO

*Ao nosso pai Lamine DAGNO.*

# RESUMO

O estudo intitula-se: "Impactos do tráfego rodoviário na qualidade do ar no distrito de Bamako". Atualmente, a poluição atmosférica é uma grande preocupação nas grandes cidades. Antigamente, as autoridades estavam mais interessadas nos resíduos do que na poluição atmosférica. No entanto, graças aos programas do Banco Mundial e da União Europeia e a algumas investigações efectuadas no terreno, foram tomadas medidas para melhorar a qualidade do ar ambiente. Em Bamako, a sensibilização do público para a poluição atmosférica está a tornar-se cada vez mais visível. O crescimento demográfico, o aumento da procura de meios de transporte obsoletos e a utilização de combustíveis de baixa qualidade, associados à má organização do espaço urbano, estão a provocar um aumento significativo da poluição atmosférica. O objetivo fundamental do estudo foi analisar o impacto do tráfego das auto-estradas na qualidade do ar em Bamako. A abordagem metodológica consistiu numa pesquisa documental e na elaboração de questionários e de guiões de entrevista. Foi utilizada uma amostragem aleatória simples. O equipamento utilizado para a realização desta investigação foi um GPS, um sensor aeroqual série 500 com cabeças para cada poluente e um termómetro. O SPSS e o Excel foram utilizados para tratar os dados recolhidos no terreno. O estudo produziu um certo número de resultados. $_{102.5}$No distrito de Bamako, as partículas como PM e PM são os poluentes atmosféricos dominantes. Estão presentes em quantidades suficientes em vários locais durante o mês de abril. O dióxido de enxofre está presente no ar em janeiro e agosto, altura em que ultrapassa frequentemente a norma da OMS em alguns locais. Durante os outros meses, está certamente presente, mas em quantidades insuficientes, chegando mesmo a atingir zero em maio. O dióxido de azoto está presente na atmosfera em quantidades insuficientes em janeiro, maio e agosto, mas em quantidades suficientes em abril. [33]Por último, o ozono, poluente secundário, é fixado em 100 µg/m às 8 horas da manhã ou em 60 µg/m durante o período de ponta, com exceção de janeiro, em que é nulo.

Podem causar ou agravar doenças como as doenças respiratórias, doenças oculares e doenças de pele. O ar puro é essencial para a sobrevivência humana. Por conseguinte, é necessário criar e aplicar rigorosamente um arsenal jurídico adequado.

**Palavras-chave: tráfego rodoviário, qualidade do ar, poluição atmosférica, infraestrutura rodoviária, planeamento urbano**

# INTRODUÇÃO

O crescimento demográfico sustentado e o êxodo rural maciço conduziram a uma forte urbanização, que, por sua vez, incentivou o aumento dos transportes, o que resultou num aumento muito rápido da poluição urbana (DOUMBIA EHT, 2012).

Em setembro de 2015, a Organização das Nações Unidas (ONU) adoptou a Agenda 2030, que prevê a implementação dos Objectivos de Desenvolvimento Sustentável (ODS), incluindo a garantia de sistemas de transporte sustentáveis e seguros e de uma boa qualidade do ar, que se aplicam às cidades e comunidades. (BODART, O., 2020). Entre as energias em causa, os combustíveis ocupam um lugar especial. Deste ponto de vista, o sector dos transportes rodoviários está em causa.

Na União Europeia (UE), os transportes são responsáveis por um quarto das emissões de gases com efeito de estufa (GEE), mais de 70% das quais são atribuíveis apenas ao transporte rodoviário. (BODART, O., 2020). Na Ásia, e mais concretamente na República Popular da China, os gases de escape tornaram-se a principal fonte de poluição atmosférica urbana, à frente da indústria. Cinco das dez cidades mais poluídas do mundo situam-se na China e 70 a 80% dos cancros diagnosticados em Pequim estão ligados ao ambiente(PRUVOST B. e YVES V., 2010). Além disso, de acordo com o Centro Nacional de Saúde Chinês (CNCS), "5% dos bebés chineses nascem com malformações devido a esta poluição". (PRUVOST B. e YVES V., 2010)..

2.5Na África Central, Brazzaville e Kinshasa, o estudo realizado entre setembro de 2019 e fevereiro de 2020 revelou que a concentração de partículas (PM ) no ar é 4 a 5 vezes superior à norma definida pela OMS, consoante se trate da estação das chuvas ou da estação seca(Mcfarlane C & al., 2021).

Nos países da África Ocidental, a situação económica precária e a abertura destes países à importação de veículos europeus ditos de segunda mão, dotaram o mercado destes países de veículos de segunda mão. Há décadas que centenas de milhares de veículos usados chegam aos portos africanos. Como estes veículos antigos não estão equipados com as tecnologias mais recentes necessárias para limitar as emissões dos componentes mais nocivos, como o dióxido de azoto, o dióxido de enxofre, as partículas finas, o monóxido de carbono, o chumbo, etc., constituem certamente uma séria ameaça para a qualidade do ar nas cidades da África Ocidental(DOUMBIA EHT, 2012). $_{2.5}$A Nigéria e o Níger estão entre os países com as concentrações mais elevadas de PM , e o problema está a agravar-se(State of Global Air, 2020). $_{2.5}$A concentração de PM da Nigéria é de 70,4 e a do Níger é de 80,1(State of Global Air, 2020). A qualidade do ar em Dakar varia consoante a estação do ano. É muito má entre janeiro e o fim de maio. Mas é geralmente boa durante a estação das chuvas, de junho a outubro (Awa NDONG, 25 de janeiro de 2019).

No entanto, em todo o mundo, a poluição atmosférica tem efeitos desastrosos nas pessoas e no ambiente. O impacto é maior nas zonas urbanas do que nas zonas rurais.

Em 2014, a Organização Mundial de Saúde (OMS) declarou que "a poluição atmosférica é atualmente o principal risco ambiental para a saúde em todo o mundo" (OMS, 2014). Posteriormente, em 2016, reconheceu que a poluição atmosférica tinha um efeito no desenvolvimento da diabetes, das perturbações cardiovasculares e das doenças do aparelho reprodutor. As regiões mais afectadas são a Ásia do Sul (620 milhões de crianças), a África (520 milhões de crianças) e a Ásia Oriental e o Pacífico (450 milhões de crianças). (UNICEF, 2016). A Agência Europeia do Ambiente (AEA) estima as consequências em França em cerca de 47 000 mortes prematuras por ano, só com os três principais poluentes (partículas, dióxido de azoto e ozono). (Cour des Comptes, 2020).

Em geral, a maioria dos países africanos não dispõe de estações de monitorização da qualidade do ar, nomeadamente o Mali. A poluição atmosférica pode causar pelo menos 780 000 mortes prematuras por ano em África (BAUER E. et al., 2019) e sabe-se que um número significativo de doenças (comorbidades) é agravado pela exposição crónica à poluição atmosférica, como a asma, o cancro do pulmão e a doença pulmonar obstrutiva crónica (BURNETTA R. et al., 2018).

O Ministério da Saúde considera que a poluição atmosférica é uma das causas do aumento das Infecções Respiratórias Agudas (IRA) em Bamako e que um terço (1/3) das mortes atribuíveis às principais Doenças Não Transmissíveis (DNT), como o AVC e o cancro do pulmão, se deve à poluição atmosférica. As consequências para a saúde são mais graves para as mulheres, as crianças, os idosos e os pobres. (Banco Mundial, 2011).

Desde há vários anos que são envidados esforços para reduzir a poluição atmosférica e limitar as descargas poluentes. Trata-se, nomeadamente, da promoção das energias renováveis, amplamente prevista pelos governos de vários países, entre os quais o Mali, através do decreto n.º 01-397/PRM, de 6 de setembro de 2001, que estabelece as modalidades de gestão dos poluentes atmosféricos(https://sgg-mali.ml/JO/2021/mali-jo-2021-16.pdf, n.d.).

O nosso planeta é constituído por litosfera, biosfera, hidrosfera e atmosfera. Hoje em dia, devido às actividades humanas, nomeadamente a indústria, a agricultura, a pecuária e os transportes, estes elementos estão seriamente ameaçados. Nenhum dos componentes pode ser negligenciado, mas é evidente que a poluição atmosférica se tornou um problema mundial. O ar que respiramos é essencial para a sobrevivência dos seres vivos. [223102.5]Mas o tráfego rodoviário tem um impacto negativo na qualidade do ar, introduzindo na atmosfera poluentes como o dióxido de azoto (NO ), o dióxido de enxofre (SO ), o ozono (O ) e as partículas em suspensão (PM e PM ).

De todos os efeitos nocivos das importações, o nosso estudo centra-se apenas num: o tráfego nas auto-estradas. O tráfego rodoviário que degrada a qualidade do ar é o resultado não só de uma má política de abertura do país aos automóveis antigos provenientes da Europa, mas também da política dedicada à gestão desta questão. Esta atividade tem um impacto negativo na qualidade do ar.

O tema da investigação foi estudado em quatro capítulos. [er]O capítulo 1 examina as abordagens teóricas e metodológicas da investigação. [e]O capítulo 2 trata da área de estudo e de informações gerais sobre a poluição atmosférica. O [e]capítulo 3 aborda o quadro institucional e regulamentar, o processo de urbanização, o estado das infra-estruturas rodoviárias, a mobilidade urbana e o seu impacto na qualidade do ar no

Distrito de Bamako. ᵉFinalmente, o capítulo 4 analisa, interpreta e discute os resultados e propõe soluções.

# CAPÍTULO I: ABORDAGENS TEÓRICAS E METODOLÓGICAS DO ESTUDO

## 1.1. Abordagem teórica

### 1.1.1. Questões

O Mali é um país sem litoral, pelo que o seu acesso e desenvolvimento dependem do tráfego por autoestrada, que contribui fortemente para o seu desenvolvimento devido à sua situação geográfica. A economia do Mali está fortemente dependente dos transportes em geral e do transporte por autoestrada em particular, que é o principal meio de transporte de pessoas e mercadorias.

Face ao rápido crescimento da população urbana, estimada em 2.817.000 em 2022, um aumento de 3,83% em relação a 2021, e ao crescimento acelerado do parque automóvel, que passou de 343.904 em 2019 para 371.941 em 2020, um aumento de 7,53% e para 405.937 em 2020, um aumento de 8,37%, na sequência da abertura do país aos veículos em segunda mão provenientes da Europa, a cidade de Bamako enfrenta uma deterioração crescente da qualidade de vida devido a problemas ambientais como a poluição atmosférica.

Atualmente, é difícil respirar ar puro na capital do Mali. As razões são várias: o crescimento demográfico, o aumento rápido da utilização de veículos em segunda mão e o estado das estradas. [10]Em Bamako, a rede rodoviária gerou cerca de 80.000 toneladas de partículas PM em 2008 (Banco Mundial, 2011)

[22]O distrito de Bamako é uma das cidades mais poluídas, nomeadamente por partículas e gases como o NO , o benzeno, o SO e o CO(Journal Scientifique et Technique du Mali, 2016).. As emissões de poeiras são a principal fonte de poluição da cidade. [10][33]A concentração média anual de partículas PM foi estimada em 333ug/m , com picos diários superiores a 600ug/m , enquanto a recomendação diária da OMS é de 50ug/m$^3$ (Journal Scientifique et Technique du Mali, 2016)..

A OMS elaborou diretrizes anuais nas quais estabelece normas para determinados poluentes atmosféricos. Na Europa, a luta contra esta poluição está integrada nas políticas públicas, estruturadas a nível nacional e dotadas de uma direção-piloto no âmbito do Ministério da Transição Ecológica. Foram adoptadas medidas como os bónus de não reclamação e os impostos sobre a gasolina. (BRENN L., 2010). Existem agora soluções concretas que podem ser postas em prática: os veículos híbridos e eléctricos são, sem dúvida, uma alternativa viável aos veículos a gasolina. (BRENN L., 2010).

Em África, especificamente no Senegal, Dakar tem cinco estações fixas para medir a poluição do ar espalhadas pela cidade: Bel Air, Cathédrale, HLM, Medina e Yoff. (NDONG A., 2019).

No entanto, a consciência deste problema e a dimensão do fenómeno evoluíram ao longo do tempo, tendo-se tornado uma questão ambiental. O tráfego rodoviário no distrito de Bamako é certamente inevitável, mas também tem impactos negativos no ambiente urbano em geral e na qualidade do ar em particular. Seria impensável passar sem ele, tanto agora como no futuro, mas a atenuação do seu impacto na qualidade do ar deve ser a principal missão das autoridades e da população do Distrito de Bamako.

## 1.1.2. Justificação da escolha do tema

Há várias razões para escolher este tema. Em primeiro lugar, as questões ambientais continuam a ser muito actuais. Desde a Cimeira da Terra no Rio de Janeiro, em 1992, e a de Glasgow, em 2021, a humanidade tem vindo a tomar consciência da urgência de certos problemas ambientais, como a desertificação, as alterações climáticas, a insegurança alimentar, a poluição atmosférica, etc. Todos os países sofrem as consequências nefastas dos problemas ambientais. Todos os países estão a sofrer as consequências negativas dos problemas ambientais. Os países em desenvolvimento, e o Mali em particular, sofrem mais devido à sua fraca capacidade de reação.

A segunda razão é que o metabolismo da cidade gera muitos tipos de poluição. Os poderes públicos vêem-se confrontados com enormes problemas na gestão deste problema de poluição. Por exemplo, o problema da poluição atmosférica causada pelo tráfego das auto-estradas é particularmente grave.

O atual desenvolvimento económico da humanidade conduziu a um certo número de desequilíbrios, entre os quais a poluição de todos os ecossistemas, nomeadamente da atmosfera. Estamos interessados no caso da qualidade do ar em Bamako, porque o ar é um elemento essencial para a vida humana.

Esta análise confirma a emergência do risco de poluição atmosférica provocada pelo tráfego rodoviário em grande escala. É por isso que é tão importante consciencializar as autoridades e o público para esta situação e provocar mudanças importantes.

A terceira razão para a escolha deste tema é pragmática e objetiva, no sentido em que esta questão é de grande interesse para o Mali em geral, mas para Bamako em particular. É por esta razão que foi criada a Direção Nacional da Água, da Luta contra as Poluições e os Incómodos (DNACPN). O seu objetivo é lutar contra a poluição. São estas as razões que justificam a escolha do nosso tema de investigação: "o impacto do tráfego das auto-estradas na qualidade do ar em Bamako". Este estudo pode então fornecer a base científica necessária para a tomada de decisões a fim de elaborar políticas públicas ambientais eficazes.

### 1.1.3. Questões de investigação

### 1.1.3.1.    Questão principal

Qual o impacto do tráfego das auto-estradas na qualidade do ar em Bamako?

### 1.1.3.2.    Perguntas específicas

- Qual é o quadro institucional e regulamentar da qualidade do ar em Bamako?
- Qual é o impacto da urbanização na qualidade do ar em Bamako?
- O estado das infra-estruturas rodoviárias tem impacto na qualidade do ar em Bamako?
- A mobilidade urbana tem um impacto na qualidade do ar em Bamako?

- Os veículos obsoletos têm impacto na qualidade do ar em Bamako?
- Qual o impacto da qualidade do combustível na qualidade do ar em Bamako?
- Que propostas ou sugestões podemos fazer para proteger e salvaguardar a qualidade do ar em Bamako?

### 1.1.3.3. Objectivos da investigação

### 1.1.3.3.1. Objetivo principal

O objetivo do estudo é analisar o impacto do tráfego das auto-estradas na qualidade do ar em Bamako.

### 1.1.3.3.2. Objectivos específicos

- Estudar o quadro institucional e regulamentar do controlo da qualidade do ar em Bamako;
- Identificação do impacto da urbanização na qualidade do ar em Bamako ;
- Analisar o impacto do estado das infra-estruturas rodoviárias na qualidade do ar em Bamako;
- Estudo do impacto da mobilidade urbana na qualidade do ar em Bamako;
- Analisar o impacto dos veículos obsoletos na qualidade do ar em Bamako;
- Avaliar o impacto da qualidade dos combustíveis na qualidade do ar em Bamako.
- Apresentar propostas ou sugestões para proteger e salvaguardar a qualidade do ar em Bamako.

## 1.1.3.4.	Hipóteses de investigação

### 1.1.3.4.1. Pressuposto principal

O impacto do tráfego das auto-estradas na qualidade do ar em Bamako é considerável.

### 1.1.3.4.2. Pressupostos específicos

- O controlo inadequado da qualidade dos combustíveis está a ter um impacto na qualidade do ar nas cidades do Mali em geral e em Bamako em particular.
- Bamako, uma cidade onde a taxa de urbanização continua a ser significativa, vê-se confrontada com uma ocupação anárquica do seu espaço, o que se reflecte na qualidade do ar em Bamako;
- O estado das infra-estruturas rodoviárias da cidade de Bamako, com o seu tráfego denso, conduz indubitavelmente ao aumento de partículas que deterioram a qualidade do ar;
- O impacto da mobilidade urbana na qualidade do ar em Bamako é evidente, na medida em que o ar é consideravelmente afetado nos bairros onde o tráfego é denso em comparação com os bairros onde o tráfego é menos denso;
- Os veículos obsoletos têm um impacto na qualidade do ar em Bamako, uma vez que emitem diariamente gases nocivos para a atmosfera;
- A qualidade do ar em Bamako está a ser afetada pela falta de aplicação da regulamentação;
- A fim de proteger e salvaguardar a qualidade do ar em Bamako, é necessário descongestionar e tornar mais fluido o tráfego nas auto-

estradas e restringir as importações de meios de transporte mais antigos e de combustíveis de baixa qualidade.

### 1.1.4. Clarificação de conceitos

### 1.1.4.1.    Tráfego rodoviário

A Lei n.º 05-041 de 22 de julho de 2005, relativa ao princípio da classificação rodoviária, e o Decreto n.º 05-431/P-RM de 30 de setembro de 2005, relativo à classificação rodoviária e à fixação do trajeto e da quilometragem das estradas classificadas, definem a rede rodoviária classificada do Mali. De acordo com esta lei, a rede rodoviária divide-se em :

- Estradas de Interesse Nacional (EN), construídas e mantidas pelo Estado. No total, são 44 ligações que cobrem 14.102 km, ou seja, 15,8% da extensão total;
- As Rotas de Interesse Regional (RR), cuja construção e manutenção são da responsabilidade da Região. São 40 ligações que totalizam 7.052 km, ou seja, 8% da extensão total;
- As estradas de interesse local (RL), cuja construção e manutenção são asseguradas pelo Cercle. Estas estradas totalizam 836 ligações que cobrem 28.929 km, ou seja, 32,5% da extensão total, e
- Estradas de interesse municipal (RC) cuja construção e manutenção são da responsabilidade do município. São 3.701 ligações que cobrem 38.941 km, ou seja, 43,7% da extensão total.

A rede rodoviária assim classificada pode, se for desenvolvida, abrir o país inteiro. O sector dos transportes pode, de facto, ser considerado como um catalisador da vida económica e desempenhar as funções fundamentais de :

- Ultrapassar as distâncias para fazer a economia funcionar,
- Desenvolvimento do espaço económico,
- Promover o acesso da população aos serviços sociais básicos, e
- Organização inovadora dos transportes

O tráfego rodoviário refere-se ao tráfego rodoviário com uma noção subjacente do volume desse tráfego(https://www.securite-routiere-az.fr/t/trafic/, 2023). Esta definição é muito mais detalhada na seguinte: **o tráfego rodoviário** é o movimento de veículos a motor numa estrada. (https://www.techno-science.net/definition/1570.html consultado, 2023)É também todo o transporte de mercadorias ou de passageiros, ou a circulação de veículos ou de edifícios, que se efectua, durante um período definido (dia, mês, ano), numa via de comunicação ou no conjunto das vias de um território. (https://www.larousse.fr/dictionnaires/francais/trafic/78916., 2023). Podemos deduzir que o tráfego rodoviário pode ser definido, então, como todos os movimentos de pessoas nas estradas por meio de veículos para satisfazer as suas necessidades.

### 1.1.4.2. Urbanização

A urbanização é um processo, controlado ou em curso, caracterizado pelo crescimento das cidades e dos seus subúrbios em detrimento das zonas rurais. A urbanização é um fenómeno global que tem as suas raízes na história das populações humanas, que se acelerou ao longo dos séculos e que parece que vai continuar inexoravelmente no futuro.

Manifesta-se por um aumento contínuo da população das zonas urbanas e, consequentemente, pela extensão física dos aglomerados urbanos (Youmatter, n.d.).

A urbanização refere-se ao processo de crescimento da população urbana e de expansão urbana que tem vindo a ocorrer desde a primeira revolução industrial. No início do século XXI, este fenómeno tende mesmo a acelerar-se com o desenvolvimento dos países emergentes e um êxodo rural por vezes maciço. (Géo-confiance, s.d.)Podemos assim deduzir que a urbanização é um processo ligado ao crescimento demográfico e ao êxodo maciço provocado pelo desenvolvimento económico das cidades.

### 1.1.4.3.  Mobilidade urbana

A Benchmark International (2020) explica que a mobilidade urbana se refere a todas as deslocações geradas diariamente pelos habitantes de uma cidade, bem como aos termos e condições associados a estas deslocações (modos de transporte escolhidos, duração da deslocação, tempo passado no transporte, etc.). Já a Mairie du District de Bamako (2010) define a mobilidade como a capacidade de se deslocar de um lugar para outro utilizando os meios de transporte que o homem desenvolveu para facilitar essa deslocação, incluindo a deslocação a pé. A mobilidade determina o desenvolvimento económico e social das pessoas e das regiões. Neste sentido, pode estar na origem de grandes desigualdades sociais: compreender e controlar os fluxos e a mobilidade é, pois, uma questão de coesão social e de integração urbana, num momento em que a capital conhece uma expansão urbana descontrolada e em que as necessidades são empurradas para as zonas limítrofes, o que leva a um aumento da escala e do alcance dos transportes urbanos. No entanto, as necessidades estão a aumentar mais rapidamente do que o próprio crescimento urbano, devido ao aumento das distâncias de viagem impostas pela urbanização descontrolada na periferia das cidades.

Assim, podemos dizer que a mobilidade urbana é o conjunto de deslocações urbanas que permitem aos habitantes das cidades satisfazer as suas necessidades.

### 1.1.4.4. Poluição e poluição atmosférica

De acordo com WASSIM G. (2016-2017), a poluição é qualquer modificação antropogénica de um ecossistema que resulte numa alteração da concentração de constituintes químicos naturais, ou que resulte da introdução na biosfera de substâncias químicas artificiais, de uma perturbação do fluxo de energia, da intensidade da radiação, da circulação da matéria ou da introdução de espécies exóticas numa biocenose natural. De acordo com a Lei n.º 2021-032, de 24 de maio de 2021, relativa à poluição e aos incómodos, a poluição é definida como qualquer contaminação ou modificação direta ou indireta do ambiente causada por um ato suscetível de influenciar negativamente o ambiente, de provocar uma situação prejudicial para a saúde, a segurança ou o bem-estar do homem, da fauna, da flora ou dos bens colectivos ou individuais. TRIPLET P. (2017) define-a como a presença ou a introdução no meio ambiente, natural ou artificial, de substâncias tóxicas ou susceptíveis de provocar alterações profundas no ecossistema.

EMERY J. (2012) define a poluição atmosférica como um fenómeno complexo que tem em conta múltiplas fontes de poluição que se manifestam em múltiplas escalas espaciais e temporais. Esta definição de EMERY J. é ainda apoiada por BODART O. (maio de 2020) que a define como uma mistura complexa e em constante mudança de vários poluentes químicos, biológicos ou físicos que podem ser tóxicos para os seres humanos e prejudiciais para o ambiente. Segundo ele, estes poluentes são produzidos principalmente pelas actividades humanas.

De um modo geral, a poluição é a introdução de substâncias tóxicas no ambiente, nocivas para os seres vivos e os organismos. A poluição atmosférica, por outro lado, é a introdução de substâncias estranhas no ar, tornando-o nocivo para os seres vivos e os organismos. É o aumento da capacidade nociva das substâncias naturalmente presentes na atmosfera em resultado de fenómenos antropogénicos ou naturais.

### 1.1.4.5. Ambiente

FRANS C. e LEMAIREL. (1975.) fizeram uma revisão da história da palavra ambiente, que percorreu um longo caminho desde que Littré a definiu como "a ação de rodear". De uma forma mais geral, o Petit Larousse define-o da seguinte forma "o que rodeia; ambiente". A partir de 1971, as expressões "proteção do ambiente" e "crise ambiental" generalizaram-se para descrever os problemas de poluição e de conservação da natureza.

TRIPLETP. (2017) define o ambiente como o conjunto dos elementos (bióticos ou abióticos) que rodeiam um indivíduo ou uma espécie, alguns dos quais contribuem diretamente para a satisfação das suas necessidades. É, portanto, o conjunto dos elementos que têm origem na matéria viva e dos elementos cuja origem não está ligada à matéria viva.

De acordo com a Lei n.º 2021-032, de 24 de maio de 2021, relativa à poluição e aos incómodos, o ambiente é um conjunto de factores físicos, químicos, biológicos e sociais percebidos como uma entidade, num determinado espaço e num determinado momento, que podem ter um efeito direto ou indireto, imediato ou a longo prazo, sobre os seres humanos e as suas actividades e sobre as espécies animais e vegetais.

No entanto, LAVRYSEN L. e GUIHALD. (2006), abordam-no de uma perspetiva jurídica. Segundo eles, o ambiente ajuda a delimitar o âmbito da matéria, a determinar a aplicação das regras jurídicas e a estabelecer o grau de responsabilidade quando ocorre um dano. A palavra ambiente deriva de environner, uma antiga palavra francesa que significa rodear. Em sentido lato, o ambiente pode incluir todas as condições naturais, sociais e culturais que influenciam a vida de um indivíduo ou de uma comunidade. Por conseguinte, problemas como os engarrafamentos de trânsito, a criminalidade e o ruído podem ser considerados problemas ambientais. Em termos geográficos, o ambiente pode referir-se a uma região limitada ou abranger todo o planeta, incluindo a atmosfera e a estratosfera.

### 1.1.5. Revisão da literatura

No domínio ambiental, vários estudos revelaram o impacto do tráfego rodoviário na qualidade do ar em todo o mundo, especialmente nos países desenvolvidos, mas no Mali poucos estudos se debruçaram sobre esta questão. No entanto, no Mali, apenas alguns estudos foram efectuados sobre este assunto.

A utilização destes diferentes documentos permitiu, por um lado, definir os diferentes conceitos de poluição atmosférica e aprofundar o problema de estudo e, por outro lado, explicar em profundidade o impacto do tráfego das auto-estradas na qualidade do ar ~~no~~ Distrito de Bamako.

A poluição atmosférica causada pelo tráfego das auto-estradas nas zonas urbanas tem sido, nos últimos anos, uma das principais preocupações dos responsáveis políticos, tanto nos países desenvolvidos como nos países em desenvolvimento. Esta preocupação por parte dos responsáveis pelo ambiente urbano testemunha a pertinência do tema. Assim, os autores deram múltiplas definições aos termos essenciais abordados nesta tese.

- **Urbanização, infra-estruturas rodoviárias, mobilidade urbana e poluição atmosférica**

Muito se tem escrito para mostrar que a mobilidade urbana é um fator de poluição atmosférica. Entre eles

O Conselho da Europa, na sua publicação (2000): "O Ambiente Urbano", n.º 94, explica que os futuristas do início do século tinham razão: a civilização do futuro será essencialmente urbana. Há apenas 100 anos, a população europeia vivia principalmente em zonas rurais ou semi-rurais, mas atualmente mais de 80% dos nossos concidadãos vivem em cidades. No entanto, esta situação não é fixa: os incómodos que afectam esta civilização urbana levam um número crescente de pessoas a utilizar a cidade como local de trabalho e ponto de referência económico e cultural, por um lado, e a escolher o campo, os subúrbios verdes, como local de residência, por outro. A explosão demográfica das últimas décadas conduziu a uma série de desequilíbrios e a um processo de urbanização muito agressivo. Mais de dois terços da população europeia vive em cidades

ANDRE M. e BRUTTI-MAIRESSE E. (2015), discutem o problema sob o ângulo da urbanização. Explicam que a avaliação dos planos de deslocações urbanas (PDU) nos aglomerados urbanos e, de uma forma mais geral, das medidas de organização e gestão das deslocações e do trafic com vista a limitar o seu impacto na qualidade do ar, tem por base a redução dos trafics e das emissões poluentes. Para Louis Brenn (2010), que se centra na mobilidade individual, o Canadá é um país dependente das deslocações rodoviárias. Pelas suas caraterísticas territoriais e pelos estilos de vida dos seus cidadãos, o país está preso a um sistema de transporte individual. O Banco Mundial (2003) aborda o problema não só de forma específica, mas também numa perspetiva demográfica. Explica que, desde há várias décadas, as grandes cidades da África Subsariana registam um crescimento urbano galopante e sustentado, acompanhado de uma motorização crescente, de um parque automóvel envelhecido, de combustíveis de má qualidade e de um fraco investimento na gestão do tráfego. GOBERT J. (2020) centra-se nos aspectos económicos, sociais e ambientais. Explica que, tendo em vista o desenvolvimento económico das regiões, os poderes públicos em França são levados a promover a mobilidade dos indivíduos para lhes dar os meios de acesso ao mercado de trabalho e a uma série de recursos e serviços. No entanto, é também necessário regular os problemas associados à auto-mobilidade e os danos ambientais que esta provoca. O Commissariat Général au Développement Durable (2009) explica que a procura de transporte rodoviário de mercadorias nem sempre está ligada à atividade económica de um país, mas permanece fortemente correlacionada com o crescimento económico. O transporte é essencial para os nossos estilos de vida e para a nossa economia, mas também gera poluição ambiental e sanitária. BESSAGNET B. (2019) explica a situação de uma perspetiva económica e demográfica. Afirma que, nas duas últimas décadas, a China conheceu uma expansão económica sem precedentes na história moderna, transformando-se de um país em desenvolvimento numa locomotiva para o resto do mundo em muitos domínios tecnológicos. Este desenvolvimento deslumbrante, que foi acompanhado por um êxodo rural em direção aos grandes centros urbanos, exerceu uma forte pressão sobre os recursos naturais e teve um grande impacto na qualidade do ar.

Segundo o Ministério do Ordenamento do Território, do Urbanismo e da Habitação (2021), a questão é abordada sob o ângulo da urbanização. O ritmo acelerado do crescimento urbano de Bamako levou a um esgotamento das suas reservas fundiárias. Consequentemente, a atenção está a voltar-se para os terrenos das comunas circundantes para a implementação dos projectos de Bamako. Neste contexto de urbanização rápida, o saneamento continua a ser uma cidade mal gerida, com investimentos que nunca foram capazes de conter o problema. Para OLIVIERB. (2020), é reconhecido que as actividades humanas, nomeadamente as que envolvem o transporte rodoviário, têm um impacto no ambiente em geral e na qualidade do ar em particular. Na sua Resolução 2286 adoptada em maio de 2019, a Assembleia Parlamentar do Conselho da Europa decretou que respirar ar puro é um direito humano fundamental: onde quer que vivamos, precisamos de ar respirável que não encurte a nossa esperança de vida nem prejudique a nossa saúde. O automóvel é um meio de transporte que tem o seu lugar e a sua relevância entre as opções de mobilidade urbana, desde que a sua utilização seja racional. O Programa Africano de Política de Transportes (2019) mostra que o crescimento das cidades agravou os problemas de acesso aos serviços urbanos. Bamako, em particular, vive os problemas endémicos que caracterizam as capitais da África Ocidental: desenvolvimento de bairros precários, falta de infra-estruturas de rede, dificuldades de gestão dos serviços urbanos, etc. O forte crescimento demográfico registado a nível nacional também se faz sentir em Bamako. Segundo os dados oficiais do Instituto Nacional de Estatística (INSTAT), entre 2009 e 2017, a população passou de 1.800.000 habitantes para mais de 2.300.000. Este crescimento demográfico aumenta a pressão sobre os serviços urbanos e, nomeadamente, sobre as infra-estruturas e os serviços de transportes urbanos, cujo desenvolvimento não acompanha frequentemente a dinâmica de crescimento. O Banco Mundial (2018) explica claramente que a estrutura urbana de Bamako é monocêntrica, o que gera uma elevada proporção de deslocações diárias: de manhã, os habitantes dos bairros residenciais da periferia deslocam-se para o centro da cidade, onde se encontra a maior parte dos empregos e dos serviços urbanos. Ao fim da tarde, os fluxos invertem-se. O rio actua como uma barreira natural e um obstáculo físico à cidade, agravando a situação. Com apenas três pontes a ligar as duas margens, a infraestrutura rodoviária está a atingir rapidamente a sua capacidade máxima. As pontes são verdadeiros pontos de estrangulamento. O congestionamento estende-se então gradualmente às ruas principais da cidade. O comprimento total da rede rodoviária do distrito de Bamako foi estimado em 1 600 km, dos quais 350 km são pavimentados. O centro da cidade tem uma maior densidade de estradas pavimentadas do que outras partes da cidade.

O Ministère de l'Equipement, des Transports et du Désenclavement (2015) explica que o objetivo geral da Política Nacional de Transportes, Infra-estruturas de Transportes e Abertura (PNTITD) é contribuir para o crescimento económico através da abertura interna e externa, criar um ambiente jurídico e institucional favorável ao investimento e à gestão eficiente do sector dos transportes, assegurar a interligação das várias políticas e estratégias de intervenção e contribuir para o reforço das capacidades, de modo a responder às necessidades de desenvolvimento regional de forma sustentável do ponto de vista social, económico e ambiental. No entanto, de acordo com a Diretion Nationale des Routes (2018), no Mali, a cidade de Bamako enfrenta problemas (inundações, engarrafamentos, acidentes de viação) relacionados com o mau estado e a estreiteza das principais artérias e sarjetas da capital. A procura de infra-estruturas de transporte é, por conseguinte, uma preocupação importante para a população e para as autoridades superiores.

Podemos acrescentar que a cidade de Bamako, atualmente milionária, é o pulmão da economia do Mali. Bamako faz parte de uma zona com uma população em crescimento. A presença de um certo número de equipamentos específicos (estradas, equipamentos educativos, sanitários e económicos) e as funções exclusivas que lhe são atribuídas (políticas, administrativas, económicas e culturais) distinguem-na das outras cidades do país. A ocupação do espaço pela cidade é um indicador do crescimento urbano. As migrações, nomeadamente o êxodo rural, desempenharam um papel importante no rápido aumento da população de Bamako. Enquanto capital administrativa, o distrito de Bamako oferece oportunidades de emprego e serviços urbanos. A concentração de universidades, escolas secundárias, grandes hospitais e instituições políticas e administrativas são outros factores atractivos que impulsionam o crescimento da população.

Bamako, uma cidade que se estende sobre o rio Níger, liga as margens esquerda e direita através de três pontes (a ponte Martyr, a ponte Fahd e a ponte da amizade Chino-Mali), permitindo que as pessoas de toda a margem direita cheguem ao centro da cidade, que é um pólo de atração e que regista um rápido crescimento demográfico. Assim, Bamako tornou-se um centro urbano onde a procura de deslocações está a aumentar. Por conseguinte, um grande número de pessoas desloca-se diariamente para o centro da cidade. Este movimento maciço ao longo do dia requer diferentes meios de locomoção, incluindo os pés, as motas, os automóveis particulares e os transportes públicos. Estes dois últimos meios de transporte são certamente necessários, mas têm um impacto negativo na qualidade do ar na cidade de Bamako. Na medida em que estes meios de transporte, com exceção da deslocação a pé, utilizam combustíveis fósseis na combustão e emitem poluentes para a atmosfera. As razões do aumento da poluição atmosférica em Bamako podem ser explicadas pela velocidade e pelo congestionamento dos automóveis, que têm um impacto negativo na qualidade do ar em quase toda a cidade de Bamako durante a hora de ponta.

- **Diferentes tipos de poluentes atmosféricos causados pelo tráfego rodoviário**

No que diz respeito aos diferentes tipos de poluentes atmosféricos gerados pelo tráfego das auto-estradas, utilizámos os documentos dos seguintes autores:

[X10253]A ADEME (2015-2020) explica que, a nível nacional (França), o sector dos transportes rodoviários foi responsável pelas emissões de óxido de azoto (NO ), de partículas PM , de partículas PM . e contribui igualmente para a formação de ozono (O ) nos períodos quentes. [22]DELETRAZ G., SET E.P e LAMA (1998) abordam a questão quase da mesma forma, mas acrescentam os óxidos de carbono (CO e CO ), os compostos orgânicos voláteis (COV), incluindo os hidrocarbonetos, o dióxido de enxofre (SO ) e os metais pesados. Os poluentes emitidos diretamente são conhecidos como poluentes primários. Alguns destes poluentes primários são também precursores e poluentes secundários: estes precursores participam (através de reacções químicas na atmosfera) na síntese de poluentes fotoquímicos, também conhecidos como poluentes secundários. De acordo com DIDIER B. (2018), os principais poluentes atmosféricos incluem as partículas (finas), o ozono troposférico, os óxidos de azoto, o dióxido de enxofre, o amoníaco, os compostos orgânicos voláteis não metânicos, o monóxido de carbono, o metano, os metais tóxicos e os poluentes orgânicos persistentes. São emitidos por fontes naturais (como os vulcões, a vegetação, os solos e os oceanos), bem como por fontes ligadas à atividade humana ou antropogénica (provenientes de vários sectores da atividade económica). As partículas são emitidas principalmente pelas instalações de aquecimento, pela indústria e pelos transportes. Os óxidos de azoto são principalmente libertados pelo sector dos transportes, concordando com a ADEME sobre este ponto. As fontes de emissões poluentes são documentadas de forma muito mais completa por NDONG A. (2019), que explica que os principais poluentes atmosféricos provêm de duas fontes principais: naturais (vulcões, erosão das rochas, ressuspensão das poeiras do solo, pulverização marítima, incêndios florestais que geram enxofre, dióxido de azoto e dióxido de carbono) e antropogénicas (que englobam a produção e a introdução pelo homem de diversas substâncias no ambiente). De acordo com a Organização Mundial de Saúde (2005), respirar ar puro é essencial para a saúde e o bem-estar humanos. 322As orientações relativas à qualidade do ar abrangem quatro poluentes atmosféricos comuns: partículas em suspensão, ozono (O ), dióxido de azoto (NO ) e dióxido de enxofre (SO ). 2510Esta diretriz foi actualizada em 2021, tendo em conta as partículas (PM . e PM ), o ozono, o dióxido de azoto, o dióxido de enxofre e o monóxido de carbono. Quanto a HACHE E. (2014) e BODART O. (2020), abordam a questão da mesma forma que a OMS, mas BODART O. acrescenta mais pormenores sobre as partículas. Diz que as partículas são uma mistura complexa de substâncias químicas orgânicas e inorgânicas. 102.51Existem PM (partículas com um diâmetro entre 10 e 5 micrómetros), PM ou partículas finas (partículas com um diâmetro entre 5 e 1 μm) e PM ou partículas ultrafinas (partículas com um diâmetro inferior a 1 μm). No caso dos transportes, as partículas maiores são emitidas devido ao desgaste das pastilhas dos travões, dos pneus e do pavimento; as partículas finas são emitidas devido à combustão do gasóleo nos motores dos veículos. A Cour de Comptes (2020) destaca os principais poluentes atmosféricos, que são objeto de regulamentação francesa e europeia. Assim, interessa-se não só pelos poluentes da OMS, mas também pelos poluentes que considera prejudiciais ao bem-estar da população francesa. Assim, tem em conta os pesticidas, os pólenes, os metais pesados e o amoníaco. Por fim, a OMS (2020) aborda o problema especificamente no Mali. 10As poeiras em suspensão são a principal fonte de poluição atmosférica em

Bamako (PM: partículas em suspensão), a poluição por dióxido de enxofre permanece muito baixa devido à fraca utilização de fuelóleo pesado em Bamako e à limitada atividade industrial, a poluição por óxidos de azoto permanece a níveis aceitáveis, mas o aumento do número de veículos deverá tornar esta poluição preocupante nos próximos anos, e a poluição por compostos orgânicos voláteis é muito preocupante.

[2102522]O distrito de Bamako, centro das actividades administrativas e económicas do país, está sujeito a congestionamentos durante as horas de ponta, o que provoca a libertação para a atmosfera de substâncias como o dióxido de enxofre (SO ), as partículas finas em suspensão (PM , PM . ), o dióxido de azoto (NO ), o monóxido de carbono (CO ) e o dióxido de carbono (CO ), prejudiciais à qualidade do ar. Estes poluentes provêm de várias fontes, sobretudo dos transportes.

[2210253]No decurso deste estudo, pretendemos investigar o impacto de poluentes como o dióxido de azoto (NO ), o dióxido de enxofre (SO ), as partículas (PM , PM . ) e o ozono (O ).

- **Dispersão e transformação dos poluentes do tráfego rodoviário no ar**

No que diz respeito à dispersão e transformação dos poluentes no ar, enumerámos as explicações dadas pelos investigadores.

BOURGUIGNOND (2018) explica que os poluentes são emitidos diretamente para a atmosfera ou são o resultado de reacções químicas na atmosfera. A poluição atmosférica pode ser transportada ou formada a longas distâncias, afectando grandes áreas. PUENTE LELIEVRE C. (2009) leva o mecanismo um pouco mais longe, acrescentando que os poluentes emitidos diretamente para a atmosfera são poluentes primários. [33][24]Estes poluentes primários evoluem por transformação química à medida que são transportados, levando à formação de poluentes secundários como o ozono (O ), o ácido nítrico (HNO ) e o ácido sulfúrico (H SO ). A concentração dos poluentes primários é mais elevada na fonte de emissão. A sua concentração diminui à medida que a massa de ar se afasta da fonte, na sequência da dispersão pelo vento e da transformação química. De um modo geral, a distribuição espacial das concentrações destas espécies primárias depende diretamente da intensidade da fonte de emissão, dos processos de dispersão meteorológica e do tempo de vida química das espécies.

A dispersão dos poluentes atmosféricos depende de processos meteorológicos, como a advecção e a convecção das massas de ar. Esta dispersão tem lugar na parte da atmosfera que se estende desde o solo até 1 ou 2 km acima do nível do mar. A advecção refere-se ao movimento horizontal das massas de ar, geralmente associado ao vento. Um vento forte (mais de 4 m/s) favorece a dispersão dos poluentes, enquanto um vento fraco (menos de 1 m/s) pode conduzir a concentrações particularmente elevadas. Os processos de convecção definem os movimentos verticais das massas de ar. Estes movimentos verticais devem-se à troca de calor. A luz solar aquece o solo e as superfícies, provocando movimentos verticais das massas de ar. Ainda com o objetivo de enriquecer os escritos de PUENTE-LELIEVRE C., EMERY J. (2012) explica os mecanismos e as transformações da poluição atmosférica acrescentando que, com exceção da poluição resultante da atividade agrícola, a poluição ligada às actividades humanas concentra-se principalmente nas zonas urbanas e periurbanas (indústria, aquecimento doméstico, transportes). A poluição atmosférica ocorre principalmente na camada mais baixa da atmosfera, a troposfera, e mais particularmente na sua camada limite. Menos frequentemente, pode também ocorrer na estratosfera, no caso dos poluentes de vida mais longa. Os níveis de poluentes no ar dependem da sua natureza (poluentes primários ou secundários) e das condições em que são libertados para a atmosfera (intensidade da fonte, meteorologia, etc.). Os mecanismos envolvidos podem ser divididos em quatro fases principais: emissões, difusão ou transporte de poluentes, transformação e controlo da poluição atmosférica.

A poluição atmosférica manifesta-se, antes de mais, em função das emissões de poluentes primários para a atmosfera. A intensidade destas fontes determinará a sua presença na atmosfera. Os poluentes primários estão diretamente ligados às suas fontes, que podem ser difusas (tráfego automóvel) ou pontuais (instalações industriais, aquecimento de habitações). Estas emissões têm um impacto direto na qualidade do ar na proximidade das fontes de emissão.

A partir do momento em que os poluentes são libertados para a atmosfera, os processos mecânicos e químicos vão reagir. O transporte ou a difusão dos poluentes (ventos, turbulência, gradientes térmicos). Estes têm duas origens principais: dinâmica, devida aos ventos, à topografia e aos obstáculos naturais ou artificiais; e térmica, devida às variações de temperatura do ar (gradientes térmicos e de pressão). Nesta fase, os poluentes afastar-se-ão progressivamente da fonte de emissão. No entanto, a capacidade de os poluentes percorrerem distâncias maiores ou menores depende do seu tempo de residência. Quanto mais longo for o tempo de residência de um poluente, mais longe ele poderá deslocar-se; inversamente, quanto mais curto for o seu tempo de residência, mais próximo estará da sua fonte de emissão. Nesta fase, fala-se de poluição local.

Os poluentes nem sempre são transformados. Os poluentes primários libertados para a atmosfera podem sofrer uma série de transformações químicas que conduzem à formação de poluição secundária. Estas transformações são designadas por transformações dos poluentes primários. A poluição secundária forma-se na presença de outros poluentes e sob a ação da radiação solar, do calor ou da humidade.

As duas últimas fases, em combinação com as emissões e o transporte de poluentes, são mais caraterísticas da poluição de fundo urbana e regional. A fase de despoluição é a última e corresponde à deposição de poluentes sob duas formas: seca ou húmida. As quantidades depositadas desta forma pela atmosfera contribuem significativamente para a contaminação do solo ou da água e, por conseguinte, da biosfera. Os depósitos secos também podem ser reintroduzidos na atmosfera através da reambientação. De acordo com HACHE E. (2014), ele explica que os processos que influenciam a qualidade do ar são devidos à evolução da qualidade do ar que é influenciada por processos químicos e de transporte que ocorrem na troposfera e, em particular, na camada limite atmosférica, a zona de interface entre a superfície e a troposfera livre. Acrescenta que a maior parte das espécies emitidas para a atmosfera são eliminadas por transformações químicas. A atmosfera é um meio oxidante, pelo que estas transformações conduzem essencialmente à oxidação progressiva dos elementos. $_2$O principal oxidante da atmosfera é o oxigénio (O ). No que diz respeito à dispersão e à transformação dos poluentes no ar provocadas pelo tráfego das auto-estradas, admitimos que se trata de um fenómeno complexo. Entre as teorias avançadas, a desenvolvida por EMERY J. é a mais explícita. Ele explica o fenómeno em termos de quatro fases: emissões, difusão ou transporte de poluentes, transformação e despoluição do ar. A dispersão dos poluentes atmosféricos depende de processos meteorológicos como o vento, a temperatura e o relevo. Todas estas transformações ocorrem principalmente na camada mais baixa da atmosfera, a troposfera.

O Mali não é um país industrializado, mas existem indústrias agro-alimentares na capital e em certas regiões. Também não é um país onde ocorram erupções vulcânicas. Por conseguinte, a poluição causada pelo homem está a aumentar. É um estado saheliano com duas estações: a estação seca e a estação das chuvas, e com temperaturas muito elevadas durante a estação seca.

- **Veículos antigos, qualidade dos combustíveis e poluição atmosférica**

Há menos artigos escritos sobre este assunto, mas vários relatórios mostraram que os veículos antigos são um fator de poluição atmosférica. Estes relatórios incluem

A ONU explica que a frota mundial de veículos ligeiros (LDV) deverá duplicar até 2050. Cerca de 90% deste crescimento virá de países não pertencentes à OCDE, que importam um grande número de veículos usados. Os três principais exportadores de veículos usados, a União

Europeia (UE), o Japão e os Estados Unidos da América (EUA), exportaram 14 milhões de veículos ligeiros usados em todo o mundo entre 2015 e 2018. A UE foi o maior exportador, com 54% do total, seguida do Japão (27%) e dos EUA (18%). Os principais destinos dos veículos usados da UE são a África Ocidental e do Norte, o Japão exporta principalmente para a Ásia e a África Oriental e do Sul e os Estados Unidos para o Médio Oriente e a América Central. 70% dos veículos ligeiros exportados destinam-se a países em desenvolvimento. A África importou o maior número (40%), seguida da Europa Oriental (24%), da Ásia-Pacífico (15%), do Médio Oriente (12%) e da América Latina (9%). As principais preocupações são: as emissões poluentes e climáticas dos veículos usados; a qualidade e a segurança dos veículos usados; o consumo de energia; e o custo da utilização de veículos usados.

A maioria dos países em desenvolvimento tem pouca ou nenhuma regulamentação sobre a qualidade e a segurança dos veículos usados importados, e as regras existentes são frequentemente mal aplicadas. Do mesmo modo, poucos países desenvolvidos têm restrições à exportação de veículos usados.

**Nairobi, 26 de outubro de 2020**, milhões de automóveis, carrinhas e mini-autocarros usados de má qualidade estão a ser exportados da Europa, dos Estados Unidos e do Japão para os países em desenvolvimento. Este facto está a contribuir significativamente para a poluição atmosférica e a dificultar os esforços para mitigar os efeitos das alterações climáticas, afirma um novo relatório do Programa das Nações Unidas para o Ambiente (PNUA). O relatório mostra que, entre 2015 e 2018, foram exportados 14 milhões de veículos ligeiros usados em todo o mundo. Cerca de 80% destas exportações destinaram-se a países de baixo e médio rendimento, mais de metade dos quais para África.

Este novo relatório, o primeiro do seu género, intitulado *"Used Vehicles and the Environment - A Global Overview of Used Light Commercial Vehicles: Flow, Scale and Regulation"* (*Veículos usados e o ambiente - uma panorâmica global dos veículos comerciais ligeiros usados: fluxo, escala e regulamentação*), insta à tomada de medidas para colmatar o atual vazio político e apela à adoção de normas de qualidade mínimas harmonizadas que garantam que os veículos usados contribuam para frotas de veículos mais limpas e seguras nos países importadores. A frota automóvel mundial, em rápido crescimento, é um dos principais factores que contribuem para a poluição atmosférica e as alterações climáticas. Globalmente, o sector dos transportes é responsável por quase um quarto das emissões mundiais de gases com efeito de estufa relacionados com a energia. [25]Mais especificamente, as emissões dos veículos são uma das principais fontes de partículas finas (PM . ) e de óxidos de azoto (NOx), sendo uma das principais causas da poluição atmosférica urbana. "A limpeza da frota automóvel mundial é uma prioridade se quisermos atingir os objectivos globais e locais em matéria de qualidade do ar e de clima", afirmou a Diretora Executiva do PNUA, Inger Andersen. A idade média dos veículos usados exportados para a Gâmbia era de cerca de 19 anos, enquanto um quarto dos veículos usados exportados para a Nigéria tinha quase 20 anos. O PNUA, com o apoio do Fundo Fiduciário das Nações Unidas para a Segurança Rodoviária e de outras agências, faz parte de uma nova iniciativa que apoia a introdução de normas mínimas para os veículos usados. A iniciativa centrar-se-á principalmente nos países do continente africano; vários países africanos já introduziram normas mínimas de qualidade, incluindo Marrocos, Argélia, Costa do Marfim, Gana e Maurícia, e muitos outros manifestaram interesse em aderir à iniciativa. "Os efeitos dos veículos antigos poluentes são óbvios. Os dados sobre a qualidade do ar em Accra confirmam que os transportes são a principal fonte de poluição atmosférica nas nossas cidades. É por isso que o Gana está a dar prioridade a combustíveis e normas de veículos mais limpos, bem como a opções de autocarros eléctricos. O Gana foi o primeiro país da região da África Ocidental a adotar combustíveis com baixo teor de enxofre e impôs um limite de idade de dez anos para a importação de veículos usados", afirmou o Professor Kwabena Frimpong-Boateng, Ministro do Ambiente, Ciência, Tecnologia e Inovação do Gana. A Comunidade Económica dos Estados da África Ocidental (CEDEAO) estabeleceu normas para combustíveis e veículos mais limpos a partir de janeiro de 2021. Os membros da CEDEAO também incentivaram a introdução de limites de idade para os veículos usados.

De acordo com o relatório provisório da Delegação da União Europeia no Mali, 2018." Profil environnemental du Mali", volume 4, em Bamako, a poluição gasosa e por partículas resulta principalmente da circulação automóvel (transportes públicos e veículos obsoletos, aumento do número de automóveis, muitas vezes em segunda mão, e aumento do número de veículos de duas rodas, que utilizam frequentemente combustível adulterado), dos incêndios domésticos e, em menor escala, das emissões industriais.

TRAORE M., no seu artigo no L'Essor de 15 de fevereiro de 2010, publicado na Afribone, intitulado Bamako: pourquoi la pollution de l'air s'aggrave? explica que o grande número de veículos motorizados de duas rodas, que são atualmente o modo de transporte mais popular, a idade avançada da maioria dos veículos motorizados de quatro rodas e o rápido aumento da utilização de veículos em segunda mão. A estes factores junta-se o aumento da população, que está diretamente ligado ao crescimento dos meios de transporte.

- **Impactos do tráfego rodoviário na qualidade do ar em Bamako**

No que diz respeito ao impacto do tráfego das auto-estradas na qualidade do ar, trabalhámos com os seguintes autores:

[1025]A Organização Mundial de Saúde (2021) centrou-se nas partículas (PM e PM . ), no ozono, no dióxido de azoto, no dióxido de enxofre e no monóxido de carbono. O ar puro é essencial para a saúde e o bem-estar das pessoas. A OMS estabeleceu limites que não devem ser ultrapassados para os poluentes acima enumerados. A ultrapassagem destes limites tem consequências drásticas para a qualidade do ar. Uma vez degradada, a qualidade do ar tem repercussões perigosas no ambiente. DUCHESNE L. e MEDINA S. (1987-2015), acrescentam que o ar é um bem público cuja qualidade deve ser preservada. Milhares de litros de ar passam todos os dias pelos nossos pulmões. Os gases e as partículas tóxicas transportados pelo ar entram no organismo através do sistema respiratório e têm um impacto no nosso bem-estar e na nossa saúde. Os gases e partículas tóxicos libertados na atmosfera são responsáveis pelo aparecimento ou agravamento de doenças cardiovasculares e respiratórias, cancros e outras patologias. Todos os anos, a poluição exterior provoca cerca de 3,7 milhões de mortes prematuras em todo o mundo. Didier BOURGUIGNON (2018) discute os efeitos da poluição atmosférica sobre as plantas, a economia e o solo, e afirma que, segundo a OMS, a poluição atmosférica constitui o maior risco ambiental para a saúde humana. Estima-se que quase 450 000 pessoas morrem prematuramente todos os anos na União Europeia em resultado da exposição a partículas, dióxido de azoto e ozono. Os impactos ambientais incluem a eutrofização (excesso de nutrientes que leva ao esgotamento do oxigénio), a acidificação (baixo pH do solo e da água) e a degradação da vegetação devido ao ozono troposférico.

Quanto ao Tribunal de Contas (2020), este considera os aspectos sanitários e ambientais da poluição atmosférica. Os riscos associados à poluição atmosférica estão agora claramente identificados. São simultaneamente sanitários e ambientais e já estão a ter um impacto enorme, que deverá aumentar nos próximos anos. Um estudo recente da Agência Europeia do Ambiente (AEA) avalia o impacto em França em cerca de 47 000 mortes prematuras por ano, apenas devido aos três principais poluentes (partículas, dióxido de azoto e ozono).

A Comissão Europeia (2018) sublinhou a insuficiência da proteção da saúde dos cidadãos europeus face a este fenómeno. A poluição atmosférica tem efeitos nefastos nos ecossistemas, com perdas de rendimento que variam entre 3% e 20% consoante as culturas. A OMS (2020) adopta uma abordagem específica do problema, centrando-se na situação do Mali. Segundo a organização, no Mali, mais de 260 000 pessoas visitam anualmente os hospitais de Bamako para tratamento de doenças respiratórias. Em 2018, as autoridades sanitárias registaram 83 mortes ligadas exclusivamente a doenças respiratórias. E a maioria das principais causas destas doenças está associada à qualidade do ar respirado.

As consequências da poluição atmosférica em geral, e do tráfego nas auto-estradas em particular, são desastrosas para o ambiente e para a saúde.

A poluição atmosférica não é uma prioridade para as autoridades actuais, que pensam que o ambiente é apenas uma questão de limpeza. Mas a poluição atmosférica é uma ameaça para os seres vivos e para o ambiente.

TRAORE M., no seu artigo no l'Essor de 15 de fevereiro de 2010, publicado no l'afribone, intitulado "Bamako: pourquoi la pollution de l'air s'aggrave ?" (Bamako: porque é que a poluição do ar está a piorar?), torna claro que as emissões de poeiras são a principal fonte de poluição na cidade. $_{10}{}^{333}$A concentração média anual de partículas PM foi estimada em 333ug/m , com picos diários superiores a 600ug/m , quando a recomendação diária da OMS é de 50ug/m a não exceder durante mais de 3 dias. De acordo com os resultados do estudo, esta poluição é responsável por numerosas doenças respiratórias.

- **Regulamentação sobre poluentes relacionados com o tráfego rodoviário**

No que diz respeito à legislação para regulamentar a poluição atmosférica, vários autores se pronunciaram, nomeadamente :

De acordo com o Senado francês (2015), a Convenção de Genebra é o primeiro instrumento normativo a criar um arsenal metodológico que está a ser progressivamente implementado em todo o mundo. A Convenção sobre a Poluição Transfronteiriça a Longa Distância, adoptada em Genebra em 1979, baseia-se na constatação de que os poluentes libertados na atmosfera são susceptíveis de percorrer longas distâncias antes de se abaterem sobre os ecossistemas e causarem uma vasta gama de danos. Aquando da entrada em vigor da Convenção, foram elaborados protocolos para cada uma das grandes categorias de poluentes: o protocolo de Genebra sobre o Programa Europeu de Vigilância e Avaliação (1984), o protocolo de Helsínquia sobre o enxofre (1985), seguido do protocolo assinado em Oslo em 1994, o protocolo de Sófia sobre os NOx em 1988, o protocolo de Genebra sobre os COV em 1991, o protocolo de Aarhus sobre os metais pesados e os Poluentes Orgânicos Persistentes (POP) em 1998 e, finalmente, o protocolo de Gotemburgo sobre a redução da acidificação em 1999. [243]Os signatários da Convenção são obrigados a elaborar um inventário das suas emissões anuais de SO , NOx, COVNM, CH , CO, NH , determinados metais pesados e POP, especificando a sua origem e seguindo uma metodologia internacionalmente normalizada. A melhoria dos conhecimentos científicos está a conduzir a regulamentações mais rigorosas. A Organização Mundial de Saúde (OMS) abordou a questão da qualidade do ar e foi a primeira organização internacional a salientar a relação entre a poluição atmosférica e a saúde das pessoas. As orientações foram publicadas pela primeira vez em 1987, revistas em 1997 e 2005 e actualizadas em 2021. O seu objetivo é informar os decisores políticos.

A Europa tem-se interessado muito pela poluição, nomeadamente a poluição automóvel. Através da Comissão Europeia, fixou como objetivo principal reduzir o impacto da poluição atmosférica na saúde (mortes prematuras) em mais de 55% até 2030. Criou uma base jurídica para os compromissos previstos na diretiva relativa à redução das emissões nacionais de determinados poluentes atmosféricos. A Europa elaborou o Plano Climático da União Europeia, segundo o qual os automóveis são responsáveis por 12% de todas as emissões de gases com efeito de estufa na Europa e a passagem para 100% de vendas de veículos totalmente eléctricos é um passo crucial para alcançar a neutralidade carbónica até meados do século. Por conseguinte, o plano tem como objetivo vender apenas automóveis com emissões zero até 2035. Por conseguinte, defende a utilização generalizada de veículos eléctricos na Europa. A Comissão Europeia propôs que os fabricantes de automóveis reduzam as emissões dos novos veículos em 55% em 2030 e em 100% em 2035. Durante os últimos dezoito meses, os objectivos da UE para 2020-2021 fizeram disparar as vendas de automóveis eléctricos, permitindo que muitos europeus comprassem o seu primeiro veículo elétrico. A partir de 2025, serão fixados novos objectivos para os pontos de carregamento de automóveis e camiões eléctricos. Os países da UE terão de garantir que existe capacidade de carregamento suficiente para o número de automóveis eléctricos em circulação, para que os condutores possam ter a certeza de poder recarregar os seus veículos onde quer que vivam e trabalhem, e mesmo quando vão de férias para o estrangeiro. De acordo com a Comissão Europeia (2021), o transporte rodoviário com emissões zero recebe um grande impulso com os novos objectivos estabelecidos para os carregadores de camiões eléctricos nas auto-estradas e nas grandes cidades. O Senado francês (9 de julho de 2015) sublinha a especificidade do facto de a França, evidentemente, trabalhar com as normas estabelecidas pela OMS, mas também considerou necessário regulamentar a poluição atmosférica dentro das suas fronteiras. De acordo com a Cour de Comptes (2020), os planos nacionais e locais permitiram implementar e avaliar melhor a poluição atmosférica. Os Planos de Redução das Emissões de Poluentes Atmosféricos (PREPA) continuam a ser o principal instrumento nacional de redução da poluição, tendo sido adoptados em 2017. Além disso, ainda há margem para melhorias em termos da capacidade das autoridades locais para integrar as ligações entre os níveis nacional e local. Os Planos de Proteção da Atmosfera (PPA), que servem para aplicar as políticas nacionais a nível local, são elaborados pelos prefeitos, com a participação das partes interessadas, nomeadamente as colectividades locais e as associações. Os instrumentos regulamentares, orçamentais e fiscais atualmente em vigor devem ser avaliados e a sua eficácia melhorada.

De acordo com a Organização para a Cooperação e Desenvolvimento Económico (2019), África está amplamente aberta aos estrangeiros, que abastecem os seus mercados com veículos importados em segunda mão que têm um efeito nocivo no seu ambiente. As organizações africanas estão a analisar o problema como um todo. Os Estados chegaram a acordo sobre um plano regional de gestão ambiental. A política ambiental da CEDEAO assenta em três pilares: melhorar a governação e a capacidade ambiental; promover uma gestão sustentável dos recursos que reforce a economia regional no respeito pelo ambiente; e melhorar a gestão da poluição, dos resíduos urbanos, dos produtos químicos e dos resíduos perigosos. Dado que a poluição atmosférica é atualmente uma prioridade internacional e continental, a CEDEAO elaborou um roteiro regional para aplicar o acordo destinado a melhorar a qualidade do ar na África Ocidental.

De acordo com a AEDD (2018), o Mali é signatário de vários acordos de proteção ambiental, incluindo a Convenção-Quadro das Nações Unidas sobre as Alterações Climáticas, assinada a 22 de setembro de 1992 e ratificada a 28 de dezembro de 1994, e o Protocolo de Quioto, assinado a 27 de janeiro de 1999 e ratificado a 28 de março de 2002. Além disso, iniciou políticas, estratégias e planos de ação para proteger o ambiente, tais como: o ponto focal para as alterações climáticas em 1992; a elaboração de três comunicações nacionais sobre as alterações climáticas, a primeira em setembro de 2000, a segunda em junho de 2011 e a terceira atualmente em elaboração, a primeira das quais foi escrita em maio de 2014. A inovação desta última foi o inventário dos sectores emissores de gases com efeito de estufa, tendo sido validado a 02 de novembro de 2017, para fazer parte dos documentos da Conferência das Partes (COP) 23, que teve lugar em Bona, na República Federal da Alemanha. Por conseguinte, a poluição é considerada um problema recorrente no Mali. A Constituição do Mali, no seu artigo 15º, estabelece: "Todas as pessoas têm direito a um ambiente são. A proteção e a defesa do ambiente e a promoção da qualidade de vida são um dever de todos e do Estado". A política nacional de proteção do ambiente do Mali baseia-se numa avaliação diagnóstica do estado dos recursos ambientais e das instituições existentes. Inscreve-se igualmente no processo de descentralização, que visa associar mais estreitamente os actores de base às actividades de desenvolvimento social e económico e dar-lhes um maior sentido de responsabilidade. O objetivo da Política Nacional de Proteção do Ambiente é precisamente garantir um ambiente saudável e um desenvolvimento sustentável, tendo em conta a dimensão ambiental em todas as decisões relacionadas com a conceção, o planeamento e a execução de políticas, programas e actividades de desenvolvimento, através da responsabilização e do empenho de todas as partes interessadas. Para reduzir as emissões de gases com efeito de estufa provenientes de várias fontes de poluição, nomeadamente no sector dos transportes, está previsto :

- Promover a utilização de biocombustíveis (etanol, Jatropha, girassol, etc.) para reduzir as importações de combustíveis fósseis e de hidrocarbonetos;
- Desenvolver novos modos de transporte urbano e suburbano, como os eléctricos, renovar a frota de táxis e desenvolver a partilha de automóveis;
- Estabelecer normas em termos de idade e de legislação sobre a importação e a circulação de veículos no Mali;
- Desenvolver incentivos e medidas de apoio para melhorar a gestão da frota;
- Gestão racional das vias de transporte para aumentar o fluxo de veículos e pessoas no distrito de Bamako;
- Desenvolver o transporte fluvial e ferroviário de mercadorias e pessoas;
- Monitorização das emissões de GEE do sector dos transportes utilizando o sistema MRV (Medir, Comunicar e Verificar).

A política energética do Mali foi adoptada em março de 2006 e foram desenvolvidas estratégias. Para efeitos do presente estudo, selecionámos as seguintes estratégias:

- Melhorar a eficiência energética e adotar mudanças de comportamento para a utilização racional e eficiente das fontes de energia, a fim de reduzir as emissões de GEE;
- Reduzir a procura de energia a curto prazo, a fim de criar uma maior margem de manobra para que os utilizadores de energia convencional mudem para outras fontes de energia renováveis, de modo a reduzir as emissões durante o abastecimento;
- Reforçar as políticas e as estratégias de comunicação e informação sobre a utilização racional da energia para reduzir os resíduos;
- Desenvolver o sistema de injeção na rede eléctrica EDM-SA;
- Desenvolver políticas de incentivo financeiro para a eletricidade excedentária introduzida na rede;
- Desenvolver infra-estruturas que incentivem as deslocações a pé e a utilização de veículos não poluentes, como as bicicletas;
- Investir em sistemas de transportes públicos mais económicos, como os eléctricos;
- Adotar a construção de edifícios ecológicos com normas de construção bem definidas para os novos edifícios;
- Introduzir uma melhor política de urbanização através da integração de medidas de atenuação em zonas de elevada densidade;

- Desenvolver uma política industrial forte, centrada na inovação tecnológica e na utilização de tecnologias com baixo teor de carbono;
- Ter uma boa política de gestão de resíduos;
- Desenvolver o sistema de produção de energia a partir de fontes renováveis (centrais solares fotovoltaicas, energia eólica, hidroeletricidade, biomassa, biogás e biocombustíveis), que constituem alternativas aos combustíveis fósseis que são fontes de emissão de gases com efeito de estufa;
- Reduzir o custo de aquisição de tecnologias de energias renováveis;
- Desenvolver mecanismos de cooperação bilateral para facilitar a transferência, a aquisição e a implantação de tecnologias com baixas emissões de carbono e de energias renováveis;
- Promover e adotar infra-estruturas eléctricas que permitam a implantação em larga escala das energias renováveis.

Para MAIGA A.Y (2016), o quadro jurídico é marcado por um grande número de convenções e de textos legislativos e regulamentares, entre os quais: a lei de 17 de setembro de 1992 que estabelece um sistema nacional de normalização e de controlo da qualidade; a lei de 30 de maio de 2001 sobre a poluição e os incómodos; e a lei de 11 de agosto de 2008 sobre as instalações classificadas para a proteção do ambiente. A nível internacional, foram assinados muitos acordos com o objetivo de reduzir a poluição atmosférica em geral e a poluição do tráfego nas auto-estradas em particular, mas acontece que, nas reuniões internacionais sobre o ambiente, os maiores poluidores do ambiente, em particular os países industrializados, evitam frequentemente as reuniões ou recusam-se a respeitar os acordos assinados. O pior é que os países menos industrializados, nomeadamente os de África, sofrem simplesmente as consequências. O Mali, país situado no coração da África Ocidental, ratificou os acordos internacionais em matéria de ambiente, tomou medidas legislativas nesse sentido e criou também estruturas de proteção do ambiente através do Ministério do Ambiente e do Desenvolvimento Sustentável. É de notar que a Diretion Nationale de l'Assainissement, du Contrôle de Pollutions et de Nuisances, organismo responsável pela luta contra a poluição atmosférica, não dispõe de equipamentos para determinar o grau de poluição atmosférica. A sua ação centra-se exclusivamente no saneamento.

Neste caso, é imperativo equipar esta estrutura com dispositivos adequados para permitir que os habitantes, especialmente os da capital, tenham um ambiente de vida saudável.

A luta contra a poluição em geral não é um fenómeno recente. A poluição industrial precedeu a poluição automóvel. Os países desenvolvidos estão mais avançados neste domínio. Tomaram medidas contra os poluidores. Mas em África, um continente em vias de industrialização, poucos países levam a sério a questão da poluição causada pelo tráfego nas auto-estradas e tomam medidas contra os poluidores.

## 1.2. Abordagem metodológica do estudo

### 1.2.1. Pesquisa bibliográfica

Neste contexto, recorremos a trabalhos escritos relacionados com o impacto do tráfego das auto-estradas na qualidade do ar em geral e na de

Bamako em particular. Assim, foram utilizadas obras gerais e especializadas, teses de doutoramento, dissertações de mestrado e mestrado universitário que abordam este tema. A pesquisa documental levou-nos a vários centros de documentação do Distrito de Bamako, nomeadamente: as bibliotecas do Centro Djoliba, do Instituto Francês, da Escola Normal Superior de Bamako, o centro de documentação do Ministério do Ambiente, do Saneamento e do Desenvolvimento Sustentável, a Agência para o Ambiente e o Desenvolvimento Sustentável, a Biblioteca Nacional, e os sítios da Internet também foram utilizados com bons resultados.

### 1.2.2. Ferramentas de pesquisa

Para levar a cabo esta investigação, adoptámos o método misto. Esta abordagem é uma combinação de métodos quantitativos e qualitativos. Permitiu-nos obter uma melhor compreensão do fenómeno. As duas abordagens complementam-se e permitem-nos recolher uma grande quantidade de informações que nos ajudam a atingir o nosso objetivo. Assim, elaborámos questionários e guias de entrevista para as pessoas visadas.

Também utilizámos :

- O Sistema de Posicionamento Global (GPS), que nos permitiu registar as coordenadas geográficas (latitude e longitude) dos locais de amostragem;
- O sensor: monitor portátil de qualidade do ar da série 500 da aeroqual ou da série 500.

Os sensores estão alojados num cartucho intercambiável (cabeça) que se fixa à base do monitor. A cabeça pode ser removida e substituída em segundos, permitindo aos utilizadores medir tantos gases quantos desejarem. As cabeças dos sensores possuem uma amostragem ativa em leque, que assegura a recolha de uma amostra representativa, aumentando assim a precisão da medição (foto 1).

**Foto1: monitor portátil de qualidade do ar aeroqual série 500 ou série 500**

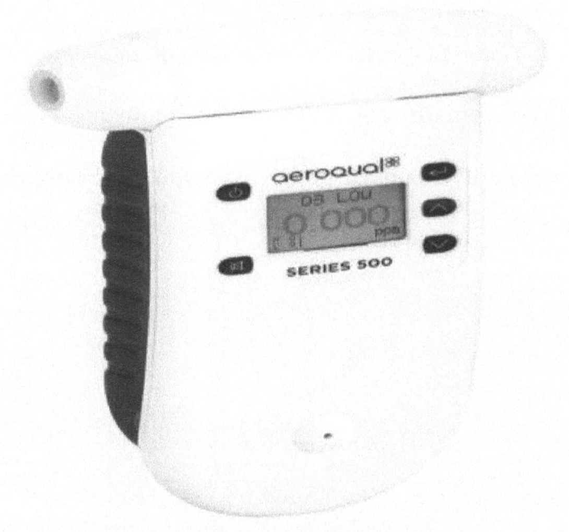

**Fonte: fotografia pessoal, janeiro de 2022**

As cabeças que utilizámos são :

- $_3$A chave para capturar o ozono na atmosfera: o ozono (O )

**Foto 2: cabeça**

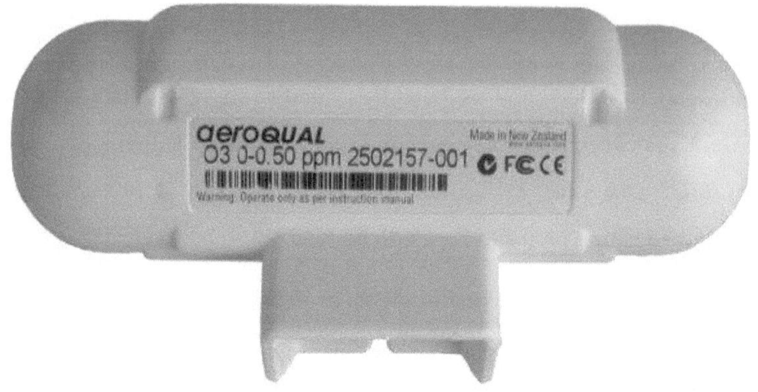



**Fonte: fotografia pessoal, janeiro de 2022**

- $_2$O dióxido de enxofre (SO ) é o principal poluente da atmosfera.

**$_2$Foto 3: Cabeça utilizada para captar o dióxido de enxofre (SO ) da atmosfera.**

**Fonte: fotografia pessoal, janeiro de 2022**

- $_2$A cabeça serve para captar o dióxido de azoto (NO ) da atmosfera.

**$_2$Foto 4: Cabeça utilizada para captar o dióxido de azoto (NO ) do ar.**

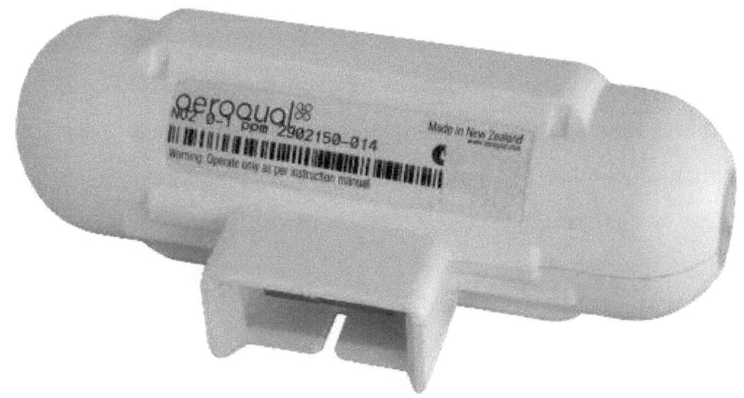

**Fonte: fotografia pessoal, janeiro de 2022**

- 10 A cabeça serve para captar PM e PM$_{2.5}$

10 **Foto 5: Cabeça utilizada para captar PM e PM$_{2.5}$**

**Fonte: fotografia pessoal, janeiro de 2022**

Os dados recolhidos foram introduzidos no software de processamento Excel e SPSS para produzir tabelas e gráficos.

### 1.2.2.1.   Questionário de investigação

O questionário contém perguntas fechadas e semi-fechadas. O questionário fornece informações quantitativas. Foi dirigido a pessoas que tinham concluído o ensino superior e que, por isso, estavam em condições de analisar e perceber o tema da investigação.

### 1.2.2.2.   Guia de entrevista

O guião de entrevista foi concebido para os funcionários da Direção Regional do Ambiente e da Agência de Desenvolvimento Sustentável, da Direção Nacional de Saneamento, Controlo da Poluição e dos Incómodos, dos médicos do Hospital Distrital, do Departamento de Transportes, Diretion Régionale de l'Urbanisme et de l'Habitat, Diretion Urbain de Bon Ordre et de la Protection de l'Environnement (DUBOPE), Diretion de Régulation de la Circulation et du Transport Urbain, Diretion de l'Office Nationale des Produits Pétroliers, à eletromecânica.

### 1.2.2.3.   Amostra

[102.5223]Interessavam-nos os cinco poluentes seguintes: partículas (PM e PM ), dióxido de enxofre (SO ), dióxido de azoto (NO ) e ozono (O ). Para realizar este estudo, escolhemos as seguintes variáveis: direção do vento, velocidade do vento, temperatura, humidade, precipitação, relevo e coordenadas geográficas. Com exceção das coordenadas geográficas, trabalhámos com as outras variáveis que, de uma forma ou de outra, podem influenciar os poluentes atmosféricos.

Esta escolha não é acidental, na medida em que no Mali existem duas estações: uma estação seca, caracterizada por um período de calor e um período de frio acompanhado pelo harmattan, e uma estação chuvosa, caracterizada por um período de chuva e um período de calor. É certo que, neste contexto, a pluviosidade se limita a alguns meses, mas, tanto mais que as amostras foram recolhidas durante o período das chuvas, é necessário salientar o impacto da precipitação na qualidade do ar. Do ponto de vista morfológico, o Distrito de Bamako situa-se numa bacia delimitada por planaltos, pelo que é igualmente necessário estudar o comportamento dos poluentes face aos obstáculos naturais. Escolhemos como variáveis a velocidade do vento, a temperatura, a humidade, a precipitação e o relevo, todos eles variáveis.

 Assim, realizámos três campanhas de amostragem, de janeiro de 2022 a agosto de 2022, para os cinco poluentes identificados. Estas campanhas foram efectuadas em três meses, dada a variação das variáveis escolhidas. Realizaram-se em 19 de janeiro de 2022, 28 de abril de 2022, 10 de maio de 2022 e 8 de agosto de 2022. O mês de janeiro incidiu sobre as duas margens, o mês de abril sobre a margem direita, o mês de maio sobre a margem esquerda e o mês de agosto sobre as duas margens.

Escolhemos os meses seguintes para a amostragem dos poluentes visados em função das caraterísticas :

- janeiro é um mês muito fixe,
- O mês de abril foi muito quente e apenas os locais da margem direita foram afectados.
- maio é um mês de transição entre o mês quente e o período de invernada, e apenas os sítios da margem direita são afectados.
- E agosto, caracterizado por chuvas abundantes

102.5223Foram identificados para amostragem os seguintes poluentes atmosféricos: partículas em suspensão (PM e PM ), dióxido de enxofre (SO ), dióxido de azoto (NO ) e ozono (O ).

Foram realizadas 03 campanhas de amostragem. Estas campanhas decorreram durante um período de 04 meses, tendo em conta a variação de certas variáveis. As amostras foram recolhidas em 10 locais do distrito de Bamako. Para cada local, houve 01 amostra por poluente e por campanha, e recolhemos 05 amostras por local e por campanha. Isto perfaz 50 amostras para os 10 sítios durante a primeira campanha. Assim, para as 03 campanhas de amostragem, recolhemos um total de 150 amostras.

O nosso estudo deveria abranger 10 locais espalhados pelas 06 comunas do distrito de Bamako. Para identificar os diferentes locais onde as amostras foram recolhidas, realizámos primeiro um estudo prospetivo. Este consistiu em identificar as rotundas e intersecções onde o tráfego de auto-estradas é denso no distrito de Bamako, especificando simultaneamente as suas coordenadas geográficas (longitude e latitude). No decurso deste estudo prospetivo, obtivemos assim 32 locais distribuídos pelas 06 comunas do distrito de Bamako. Para obter as diferentes amostras, utilizámos uma amostragem aleatória simples. Nesta lista de 32 locais com um intervalo de amostragem de 10/32, ou seja, 1/3.

Tínhamos as seguintes amostras:

- Os locais da Rive Droite são: o semáforo Lycée Kankou Moussa, a entrada da auto-estação de Sogoniko, a Tour d'Afrique, o semáforo de Kalabancoura e o cruzamento de Bacodjicoroni,

- Os locais da margem esquerda são: a rotunda de Woyowayanko na comuna IV, a rotunda da Place de l'Indépendance na comuna III, o cruzamento de Alqoods na comuna II, a curva de Banconi na comuna I e o cruzamento de Malilait sa na zona industrial da comuna II do distrito de Bamako.

$_{2.5\ 10}$Para cada organismo, seriam necessários 3 minutos, exceto para as PM (PM e PM ) que são produzidas em 3 minutos. Assim, em cada local, seriam necessários 12 minutos, ou seja, 120 minutos para os 10 locais.

[3] Os dados foram obtidos em ppm (ver apêndice 3) e convertidos em $\mu g/m$ (ver apêndice 4).

Estas amostras de ar foram analisadas para determinar o seu impacto na qualidade do ar em Bamako.

A análise de amostras de poluentes atmosféricos gerados pelo tráfego da autoestrada nos diferentes locais permitiu determinar o seu impacto na qualidade do ar em Bamako (quadro 1).

**Quadro 1: Níveis de qualidade do ar recomendados e objectivos intermédios**

| Objetivo intermédio | | | | | Recomendado |
|---|---|---|---|---|---|
| Poluente | Duração | 1 | 2 | 3 | 4 | |
| $_{2.5}$PM $\mu g/m^3$ | Anual | 35 | 25 | 15 | 10 | 5 |
| | 24 horas | 75 | 50 | 37,5 | 25 | 15 |

| $PM_{10}$, $\mu g/m^3$ | Anual | 70 | 50 | 30 | 20 | 15 |
| | 24 horas | 150 | 100 | 75 | 50 | 45 |
| $O_3$, $\mu g/m^3$ | Época alta | 100 | 70 | - | - | 60 |
| | 8 horas | 160 | 120 | - | - | 100 |
| $NO_2$, $\mu g/m^3$ | Anual | 40 | 30 | 20 | - | 10 |
| | 24 horas | 120 | 50 | - | - | 25 |
| $SO_2$, $\mu g/m^3$ | 24 horas | 125 | 50 | - | - | 40 |
| CO, $mg/m^3$ | 24 horas | 7 | - | - | - | 4 |

**Fonte: Organização Mundial de Saúde, 2021. Diretrizes da OMS sobre a qualidade do ar.**

Com os resultados obtidos nos locais de amostragem e nos diferentes períodos, utilizámos esta tabela, contendo o padrão da OMS, para verificar se o local estava ou não poluído. Para identificar o número de pessoas a entrevistar, utilizámos os locais previamente identificados. Para obter informação sólida, interessava-nos uma população com ensino superior. A população com ensino superior é de 82.735.(Institut National de la Statistique, dezembro de 2012). Por conseguinte, a nossa fração global de amostragem para a população com um nível de ensino superior é de : 150/82735, ou seja, 1/555 desta população (Quadro 2).

**Quadro 2: Número de pessoas inquiridas por bairro**

| Bairros | Número de pessoas a inquirir com um nível de educação superior | | |
| --- | --- | --- | --- |
| | Trabalhadores /bairros | Homens | Mulheres |
| Djicoroni-para | 15 | 10 | 5 |
| Bamakocoura | 15 | 10 | 5 |
| Médinacoura | 15 | 10 | 5 |
| Banconi | 15 | 10 | 5 |

| | | | |
|---|---|---|---|
| Bakarybougou | 15 | 10 | 5 |
| Daoudabougou | 15 | 10 | 5 |
| Sogoniko | 15 | 10 | 5 |
| Faladjiè | 15 | 10 | 5 |
| Kalabancoura | 15 | 10 | 5 |
| Bacodjicoroni | 15 | 10 | 5 |
| **10** | **150** | **100** | **50** |

**Fonte: inquéritos pessoais, 2022**

O questionário foi enviado a um total de 150 pessoas nos vários distritos do inquérito. Para determinar o impacto da idade dos veículos na qualidade do ar no distrito de Bamako, determinámos o número de veículos que circulam no distrito de Bamako, que foi de 311 713 unidades de veículos registadas em 2017 (Delegação da União Europeia no Mali, 16 de janeiro de 2020)a nossa fração global de inquérito para os veículos é de : 150/311713, ou seja, 1/2000. Assim, foi possível determinar a idade dos veículos e o tipo de combustível utilizado, tal como indicado no documento de registo do veículo.

No que diz respeito à qualidade dos combustíveis, contentámo-nos com os dados fornecidos pelo Office National des Produits Pétroliers (ONAP) e efectuámos um estudo comparativo com as normas internacionais. A fim de obter mais informações para uma análise objetiva, identificámos as estruturas abaixo indicadas. Assim, a entrevista foi efectuada com os seus interlocutores com conhecimentos aprofundados (quadro 3).

**Quadro 3: Número de pessoas** entrevistadas **por estrutura**

| **Estruturas** | **Número de pessoas entrevistadas** |
|---|---|
| DNACPN | 1 |

| AEDD | 1 |
|---|---|
| DUBOPE | 1 |
| NAPO | 1 |
| DRCTU | 1 |
| DRUH | 1 |
| NAPO | 1 |
| DGT | 1 |
| Profissionais de saúde (hospital distrital) | 5 |
| Eletromecânica | 1 |
| **Total** | **14** |

**Fonte: inquéritos pessoais, 2022**

No total, foram entrevistadas 14 pessoas nas várias instalações. A duração das entrevistas variou em função das informações reveladas pelo entrevistado. Dedicámos tempo suficiente para recolher o máximo de informação de qualidade possível.

### 1.2.3. Inquéritos no local

Os nossos inquéritos foram realizados em duas fases: o pré-inquérito e os inquéritos propriamente ditos. O pré-inquérito consistiu em verificar a eficácia e a pertinência dos instrumentos de inquérito em relação aos objectivos da investigação. O pré-teste foi organizado no distrito de Bamako. Seguiram-se os inquéritos propriamente ditos, que consistiram na transmissão dos nossos instrumentos e foram realizados no distrito de Bamako. Nesta base, primeiro aplicámos os questionários e depois realizámos as entrevistas.

### 1.2.4. Observações no terreno

A análise dos dados obtidos permitiu constatar a presença de partículas indicadoras de poluição atmosférica, o estado de degradação da rede rodoviária e a sua insuficiência em certos bairros, bem como a falta de manutenção. Tudo isto mostra realmente o impacto do tráfego das auto-estradas na qualidade do ar em Bamako. Assim, não só identificámos as causas e as consequências da poluição atmosférica causada pelo tráfego das auto-estradas em Bamako, como também apresentámos sugestões e propostas para combater a poluição associada ao tráfego das auto-estradas.

### 1.2.5. Processamento e análise de dados

Uma vez recolhida a informação, certificámo-nos de que todas as perguntas de cada questionário tinham sido respondidas corretamente, após uma análise detalhada. De seguida, codificámos e introduzimos os dados através do software SPSS e criámos tabelas em Excel seguidas de comentários. Também utilizámos o Zotero para nos ajudar a compilar a bibliografia. Para a análise qualitativa, analisámos o conteúdo dos vários discursos proferidos.

### 1.2.6. Dificuldades encontradas e soluções recomendadas

Nenhuma ação humana ou investigação científica pode ser levada a cabo sem dificuldades.

No decurso da nossa investigação, deparámo-nos com várias dificuldades. Entre elas

- a falta de documentação sobre o assunto no Mali. Por isso, voltámos a nossa atenção para o trabalho dos investigadores sub-regionais neste domínio;
- Também tivemos de lidar com este problema, uma vez que o Departamento Nacional de Saneamento, Controlo da Poluição e Incómodos não possui o equipamento de que necessita.
- a subinformação do público sobre o assunto;
- a distância entre os locais de amostragem ;
- a desconfiança das pessoas interrogadas no âmbito do visto do documento de matrícula do veículo ;
- acesso difícil a certos chefes de departamento.

Isto explica a novidade do tema que estamos a trabalhar, mas graças à nossa determinação, perseverança e paciência em aceitar ir e vir para recolher informações, e graças aos conselhos dados pelos nossos supervisores, conseguimos ultrapassar as várias dificuldades inerentes à investigação.

# CAPÍTULO II: APRESENTAÇÃO DA ZONA DE ESTUDO E INFORMAÇÕES GERAIS SOBRE A POLUIÇÃO ATMOSFÉRICA

## 2.1. Apresentação da zona de estudo

### 2.1.1. Localização geográfica do distrito de Bamako

Situada entre 12°29'57" e 12°42'17" de latitude norte e 7°54'22" e 8°4'6" de longitude oeste, a cidade de Bamako desenvolveu-se no vale do maior rio da África Ocidental. O distrito de Bamako compreende seis comunas, as quatro primeiras situadas na margem esquerda e as duas últimas na margem direita do rio Níger. A população da cidade tem crescido rapidamente desde a independência. As transformações socioeconómicas explicam o forte consumo de espaço. (DIALLO, B. et al. , 2020)

O distrito de Bamako compreende seis comunas, das quais as quatro primeiras se situam na margem esquerda e as duas últimas na margem direita do rio Níger (DIALLO, B. et al. , 2020). O Distrito é constituído, grosso modo, por duas partes:

- Norte: entre o rio Níger e o Monte Manding, numa planície aluvial de 15 quilómetros de comprimento. Esta parte cobre 7.000 hectares e é estreita nas duas extremidades.
- a sul: a margem direita é um sítio com 12 000 hectares.

O distrito estende-se por 22 km de oeste a leste e 12 km de norte a sul. O Distrito de Bamako é a capital do Mali (Consultar STEP, maio de 2018).

Em 2022, a população de Bamako está estimada em 2.817.000 habitantes (DNP, 2018)(Mapa 1).

## Mapa 1: Distrito de Bamako

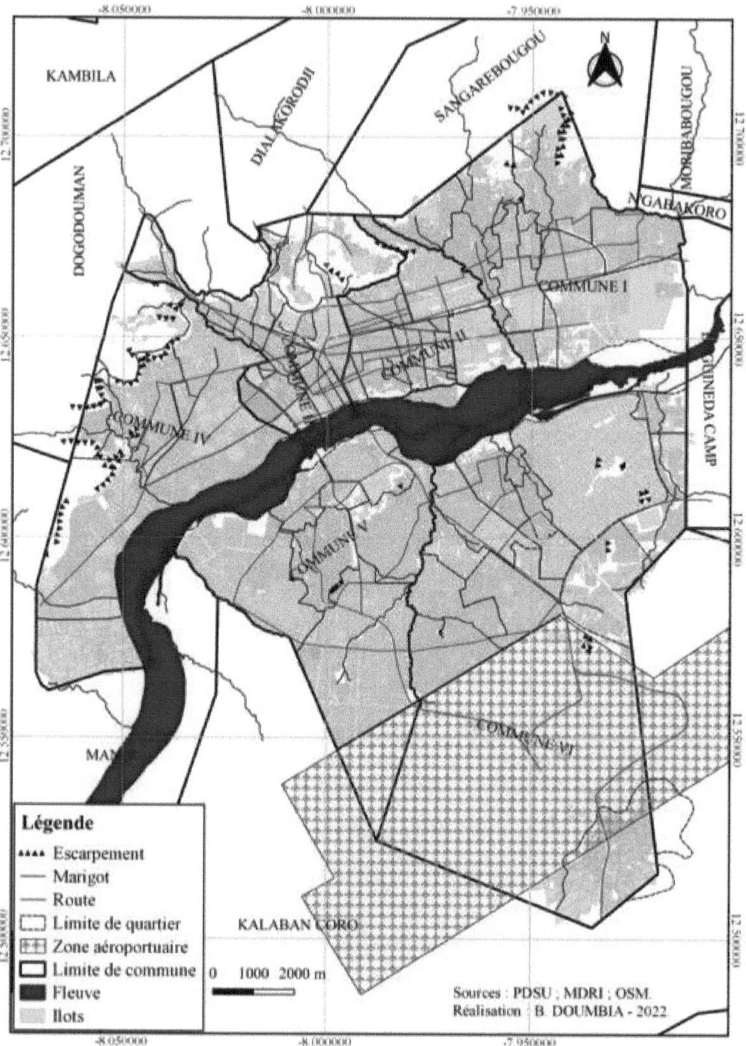

## 2.1.2. Estudo do meio natural

### 2.1.2.1.　Alívio

Do ponto de vista geológico, o substrato continua a ser o antigo embasamento pré-câmbrico, comum a toda a África Ocidental. Este leito rochoso, geralmente constituído por rochas metamórficas, foi arrasado pela erosão, que depositou sedimentos. O bordo do planalto sobre o qual estão construídos Koulouba e o hospital de Point G é um estrato de arenito duro que data da era primária ou talvez mesmo anterior, do período suprecambriano  (Urvoy 1942 in DIARRA B. et *al*, 2003). A planície do Alto Níger, onde se situa a cidade, é uma camada de xisto mole. O solo em todo o lado é laterítico.

A morfologia do sítio de Bamako está intimamente ligada à sua geologia. Como esta parte de África sofreu apenas movimentos tectónicos insignificantes, o relevo é constituído principalmente por camadas geológicas expostas pela erosão diferencial. O relevo de Bamako pode ser resumido em dois elementos: o planalto e a planície.

Na parte norte do planalto de Mandingo, existe apenas uma camada de arenito supracambriano. O aspeto geral é o de uma borda recortada. Os festões formam verdadeiros pequenos penhascos com saliências íngremes. São eles, em forma de arco e de oeste para leste, Lassakoulou (413 m), Koulounikokoulou (483 m), Koulouba (404 m) e a saliência do ponto G (403 m). Estes festões são geralmente separados por pequenos rios que cortam o planalto. É o caso do marigoto de Woyowayanko, entre Lassakoulou e Koulounikokoulou, e do marigoto de Sogonafing, entre este último e Koulouba. Os vales destes cursos de água e as terras baixas no sopé do planalto constituem as reservas vegetais de Bamako.

No sopé do planalto, encontra-se a planície do Níger, constituída por xistos. Para além do rio, em direção ao sul, a planície apresenta algumas colinas, não muito grandes (350 m, ou seja, 30 m acima do rio), nomeadamente em Badalabougou, Quartier-Mali e Sabalibougou. No resto do território, o terreno é plano. É preciso chegar a sudeste do rio, em direção a Magnambougou, Sokorodji e Djaneguela, para constatar uma diferença de nível significativa. É aqui que o Níger se encontra pela primeira vez com o planalto, com as duas margens a convergirem. É aqui que começam os rápidos de Sotuba e que o rio inicia uma grandiosa e consequente travessia (Urvoy 1942 in DIARRA B. et al, 2003)

É importante notar que a topografia tem uma grande influência na circulação do ar, uma vez que pode levar a uma concentração de poluentes em determinados locais.

### 2.1.2.2.	Ambiente biogeográfico

O Distrito de Bamako situa-se numa zona com um clima de tipo sudanês, caracterizado por uma estação chuvosa de junho a outubro e uma estação seca de novembro a maio. As temperaturas mais elevadas registam-se entre março e maio, sendo abril o mês mais quente com 39,1°C. As temperaturas mais baixas registam-se entre dezembro e fevereiro, sendo janeiro o mês mais quente, com 19,1°C. O harmattan, um vento quente e seco, sopra durante a estação seca vindo do nordeste; a monção, vinda do sudoeste, sopra durante a estação das chuvas e traz chuva.

Em Bamako, a estação seca decorre de novembro a abril e a estação das chuvas de maio a outubro. Atualmente, a precipitação mais elevada é de 331 milímetros por ano (**Agence** Météo-Mali, 2020)(Quadro 4).

**Quadro 4: Precipitação mensal para 2019-2021, unidade (em mm)**

| Mês / Anos | J | F | M | A | M | J | J | A | S | O | N | D | Anual |
|---|---|---|---|---|---|---|---|---|---|---|---|---|---|
| 2019 | 0 | 0 | 0 | 0 | 14,3 | 14,0 | 236,2 | 273,5 | 210,1 | 114,7 | 0 | 0 | 1117,4 |
| 2020 | 0 | 0 | 0 | 6,3 | 11,5 | 10,7 | 292,2 | 331,9 | 168,3 | 29,4 | 0 | 0 | 1050,4 |
| 2021 | 0 | 0 | 0 | 3,7 | 12,3 | 10,5 | 332,4 | 415,2 | 115,9 | 75,8 | 0 | 0 | 1170,4 |

**Fonte: Direção Nacional da Agência do Mali-Météo, 2022**

Ao analisar a situação da precipitação anual no Distrito de Bamako de 2019 a 2021, é evidente que a quantidade de chuva em 2021 é a mais elevada e a mais baixa é em 2020. O Mali está situado na zona intertropical. De um modo geral, a divisão do ano em estações é caracterizada pelo movimento de dois grandes anticiclones subtropicais: o anticiclone do Sara, que se desloca de nordeste para sudoeste e se caracteriza por um vento seco e quente conhecido como harmattan, e o anticiclone de Santa Helena, que se caracteriza por um vento marítimo húmido de sudoeste para nordeste, conhecido como monção.

O encontro destas duas massas de ar forma a Zona de Convergência Intertropical (ZCIT). O traço no solo é chamado de Frente Intertropical (FIT), através da qual as chuvas estão ligadas. Esta ITD segue uma oscilação de direção, geralmente Sul-Norte-Sul, ao longo do ano. Durante o período de julho a setembro, a sua posição é para norte. De dezembro a fevereiro, encontra-se na sua posição mais meridional. A subida do ITD em latitude é lenta e irregular (6 meses), enquanto o regresso ao equador é rápido (4 meses), (quadro 5).

**Quadro 5: Temperatura média para 2019-2021 (em °C)**

| Mês \ Anos | J | F | M | A | M | J | J | A | S | O | N | D | Anual |
|---|---|---|---|---|---|---|---|---|---|---|---|---|---|
| 2019 | 25,8 | 28 | 30,5 | 34,3 | 32,8 | 30,6 | 28,5 | 26,9 | 27,3 | 28,2 | 28,3 | 26,7 | 29 |
| 2020 | 25,4 | 29,4 | 32,2 | 33,9 | 33,4 | 30,2 | 27,4 | 26,7 | 27,2 | 28 | 27,2 | 27,5 | 29 |
| 2021 | 28,7 | 30 | 32,6 | 34,8 | 32,5 | 30,9 | 28 | 26,9 | 27,9 | 29,3 | 29,2 | 27,3 | 29,8 |

**Fonte: Agence Nationale Météo-Mali, 2022**

A análise dos dados de temperatura de 2019 a 2021 mostrou uma mudança clara. A temperatura média anual em 2019 e 2020 foi de 28°C, enquanto a de 2021 foi de 29,8°C.

A amplitude térmica anual aumenta com a latitude entre 5 e 6° C no distrito de Bamako. A análise mostra que abril é o mês mais quente do ano. A evolução dos máximos mensais mostra que 2021 registou a média mais elevada e 2020 a mais baixa (Quadro 6).

**Quadro 6: Velocidade, direção e humidade do vento**

| Definições/Datas | 19-Jan-22 | 28 de abril de 2022 | 10-maio-22 | 08-Aug-22 |
|---|---|---|---|---|
| Velocidade do vento | 2,6 m/s | 1,2 m/s | 2,2 m/s | 2,1 m/s |
| Direção do vento | Nordeste | Noroeste | Sudeste | Sudoeste |
| Humidade média | 27% | 62% | 49% | 83% |

**Fonte: Agence Nationale Météo-Mali, 2022**

A análise deste quadro mostra que janeiro é o mês em que o vento é forte e a humidade média é baixa.

### 2.1.2.3. Vegetação

A cidade de Bamako, situada no coração da savana sudanesa, apesar do seu contexto urbano, conservou uma vegetação própria das savanas malianas, as florestas galerizadas que ladeiam os cursos de água, mas também adquiriu vegetação introduzida pelo homem, com o objetivo de melhorar o ambiente de vida urbano. Estas florestas foram gravemente afectadas pelo corte de madeira para uso doméstico, pelos incêndios florestais, pelo pastoreio e pela seca. Atualmente, as encostas nuas são atacadas pela erosão, apesar das tímidas iniciativas de reflorestação.

Três florestas classificadas formam um circuito à volta de Bamako. A primeira, as Montanhas Mandingo, situada a 25 quilómetros a sul de Bamako, foi classificada em 1939. Tem uma superfície de 15.000 hectares. A Faya, situada a 40 quilómetros ao longo da Route Nationale 6, foi criada em 1943 e cobre 80.000 hectares. A floresta de Sounsan, classificada em 1954, é a última a ser criada.

40.000 hectares. Inicialmente, o objetivo destas medidas era criar uma reserva de madeira para abastecer a cidade de Bamako.

Para além de satisfazerem as necessidades de madeira para energia, os recursos das florestas classificadas abastecem a indústria da madeira e os mercados da construção civil. Fornecem madeira e matéria-prima para a farmacopeia. Os produtos florestais (frutos, caça, folhagem e coberto herbáceo) são utilizados para a alimentação das pessoas, fornecem forragens para os animais e contribuem, de um modo geral, para a promoção da pecuária.

Para além da sua contribuição económica, as florestas classificadas desempenham um papel ecológico muito importante. Absorvem dióxido de carbono e produzem oxigénio.

### 2.1.2.4. Hidrografia

O rio Níger, com 4.200 km de comprimento, dos quais 1.700 km no Mali, é o rio mais longo da África Ocidental. Divide a cidade em duas: a margem esquerda e a margem direita, e é atravessado por três pontes que ligam as margens. Fazendo fronteira com o rio Níger, o distrito de Bamako poderia ter beneficiado muito deste importante fator de localização se a via fluvial não apresentasse constrangimentos físicos difíceis de ultrapassar. Rochas, rápidos e quedas de água pontuam os vários cursos do rio, o que limita a navegação aos períodos de águas médias e altas (5 a 6 meses), permitindo a travessia de passagens difíceis. Além disso, se antigamente a cidade estava sujeita aos caprichos do seu rio, desde a construção da barragem de Sélingué em 1981, os picos de cheia do rio baixaram cerca de um metro(DIAKITE S. et al,., fevereiro de 2018). Para além do rio Níger, Bamako possui vários marigots: o marigot de Woyowayanko, o marigot de Sogonafing, o marigot de Diafarana e o marigot de Korofina,

O coberto vegetal pode ter efeitos positivos quando protege a saúde humana, actuando como regulador, absorvendo os poluentes através dos estomas e libertando oxigénio no ar. Desta forma, melhora a qualidade do ar no ambiente.

As árvores actuam sobre estes poluentes atmosféricos de três formas principais: modificam localmente a temperatura ambiente, os microclimas e o consumo de energia dos edifícios, limpam o ar e emitem várias substâncias químicas (Nowak D.J. & Bosch M.V.D, 2018).

As plantas estão na linha da frente no que respeita à poluição atmosférica, uma vez que vivem ligadas aos ecossistemas terrestres e aquáticos e constituem a base do seu funcionamento. A natureza e a extensão do impacto dos poluentes atmosféricos nas plantas dependerão das caraterísticas fisiológicas e bioquímicas da planta afetada e das propriedades do(s) poluente(s) encontrado(s). As perturbações fisiológicas das plantas são variadas e, consoante a natureza do poluente, podem ser observadas em áreas mais ou menos extensas, desde a escala local à escala global. Estas respostas têm repercussões imediatas no funcionamento dos ecossistemas e, nomeadamente, nas relações planta-inseto. Podem também ter um impacto na saúde humana, uma vez que as plantas estão na origem de muitas cadeias alimentares. (GARREC J.P., 2019). Através da precipitação, a água purifica o ar, libertando-o dos poluentes em suspensão.

### 2.1.3. Estudo do ambiente humano

A população atual da região metropolitana de Bamako em 2022 é de 2.817.000 habitantes, um aumento de 3,83% em relação a 2021. Entre 1975 e 2015, a população de Bamako registou um crescimento médio de 12,2% por ano. A cidade de Bamako registou um forte crescimento urbano entre 1998 e 2009, com um aumento de mais de 78%. A sua taxa de crescimento urbano é considerada a mais elevada de África e a sexta mais elevada do mundo. A esperança de vida à nascença está a aumentar de forma constante no Mali (54 anos, dos quais 53 anos para os homens e 55 anos para as mulheres, projecções DNP 2015-2020 (DNP, 2018).

Face a este rápido aumento da população urbana, Bamako regista uma deterioração crescente da qualidade de vida devido a problemas ambientais como a poluição atmosférica. (Governo da República do Mali, julho de 2019) (quadro 7).

**Quadro 7: Estimativa da população de Bamako por género em 2022**

| REGIÃO | BAMAKO | | |
|---|---|---|---|
| ANO | HOMENS | MULHERES | TOTAL |
| 2009 | 907 643 | 902 723 | 1 810 366 |
| 2010 | 956 853 | 958 349 | 1 915 202 |
| 2011 | 986 634 | 987 008 | 1 973 643 |
| 2012 | 1 017 038 | 1 016 415 | 2 033 454 |
| 2013 | 1 048 065 | 1 046 321 | 2 094 386 |
| 2014 | 1 079 715 | 1 076 974 | 2 156 690 |
| 2015 | 1 112 113 | 1 108 250 | 2 220 364 |
| 2016 | 1 145 134 | 1 140 274 | 2 285 408 |
| 2017 | 1 178 902 | 1 173 046 | 2 351 948 |
| 2018 | 1 213 169 | 1 206 440 | 2 419 609 |
| 2019 | 1 248 308 | 1 240 458 | 2 488 766 |
| 2020 | 1 283 946 | 1 275 099 | 2 559 044 |
| 2021 | 1 320 206 | 1 310 487 | 2 630 693 |
| 2022 | 1 357 214 | 1 346 373 | 2 703 588 |

**Fonte: DNP, 2022**

Este quadro apresenta a evolução estimada da população de Bamako de 2009 a 2022. O quadro mostra claramente que os homens são mais numerosos do que as mulheres.

Este crescimento demográfico está, sem dúvida, a provocar um aumento dos meios de transporte no distrito de Bamako. Consequentemente, os veículos utilizados são mais antigos e utilizam combustíveis com um elevado teor de enxofre. Por conseguinte, a qualidade do ar está a deteriorar-se.

## 2.1.3.1. Panorama histórico

Em geral, em África, a história está repleta de mitos e lendas. No que diz respeito à história de Bamako, esta é conhecida graças a fontes orais, escritas e arqueológicas. As suas origens remontam a um passado longínquo. Existem três versões da origem da palavra Bamako.

### 2.1.3.1.1. Origem do nome Bamako

**Primeira versão:** segundo o griot Djéli N'famoro KOUYATE da aldeia de Niaganabougou na comuna de Bancoumana, Bamako refere-se a "Bamba ka kô" que significa o pântano dos jacarés.

**Segunda versão:** diz-se que Bamako é a palavra Bamanan kan para "bambakô", que significa "pântano de jacarés".

**Terceira versão:** informa que Bamako se refere em Bamanan kan à "herança de Bamba SANOGO, que significa "Bamako kô".

Das três versões, as duas primeiras são muito mais populares.

### 2.1.3.1.2. Fundadores de Bamako

Para além das discrepâncias em torno da palavra Bamako, as fontes orais contam várias versões sobre os fundadores da cidade de Bamako.

**A primeira versão** refere-se a Bamba SANOGO, originário de Kong, como o primeiro chefe da zona compreendida entre o paiol da Comuna III e o rio Djoliba. Assim, as origens de Bamako remontam a 1640.

**A segunda versão** refere-se a Samalé Bamba KEITA, descendente do clã Nioumassidu Mandé e do Diamoussadian Niaré. Segundo esta versão contada por Djéli N'famoro KOUYATE, Samalé Bamba KEÏTA era o proprietário da zona da atual Bamako que se estende de Woyowayanko à ponte de Banconi. Era sazonal nas suas terras de caça, pois era também um patriarca. Samalé Bamba KEÏTA autorizou os NIARE diamantinenses a instalarem-se nas suas terras em Bamako. Como Samalé Bamba era um agricultor sazonal e patriarca de uma zona do Mandé, nomeadamente de Samalé, pensou que Diamoussadian poderia ajudá-lo a cultivar a zona. Foi assim que os dois se tornaram amigos. O papel de patriarca de Samalé Bamba aumentou depois de Biton Coulibaly, rei de Ségou, ter sido cercado, por volta de 1730, por Famaghan Ouattara de Kong, com a ajuda dos Mansa Kourousi, uma etnia malinke que vivia nas alturas dos montes Naréna. Para fazer face a esta situação, retirou-se para a sua aldeia a fim de instalar a outra etnia Malinke, os Kandasi, ao longo do rio que vai de Djoliba a Kangaba. Assim, confiou à NIARE dianmoussadiana a gestão da zona de Bamako, que se estendia até Farakoba, um rio entre Banconi e Koulikoro. Designar um certo Bamba SANOGO como primeiro ocupante da zona é uma confusão de papéis e de personagens na história da origem de Bamako.

O pai de Bamba SANOGO, de Kong, foi pregador marabu e contemporâneo de Samalé Bamba KEÏTA. Viajavam juntos para visitar as suas terras em Bamba ka kô. A sua amizade era tão forte que o seu contemporâneo deu o nome de Bamba ao seu filho. O seu nome era Bamba SANOGO. èreN'Famoro KOUYATE recorda que, em 1899, aquando do lançamento da primeira pedra para a construção do Palácio de Koulouba, o Governador do Sudão na altura, o General de Trintinian, quis que a primeira pedra fosse lançada por um dos representantes legítimos do proprietário de Bamako. Foi chamado o Sr. Kandafing Keita, um velho pedreiro de Nafadji, no cantão de Samalé Bamba. Na altura, foi escolhido pelo clã NIARE. Foi ele que colocou a pedra. Um outro facto que testemunha a relação entre Samalé Bamba KEÏTA e o clã de famílias NIARE é o facto de a primeira família de griot nomeada pelos NIARE de Bamako ter o nome SOUMANO, cujo descendente mais conhecido tinha o nome do fundador do clã NIARE de Bamako, Diamoussadian SOUMANO, originário de Dioulafondo na comuna de Siby. Foi isto que Diamoussadian SOUMANO, chefe dos griots de Bamako que deu origem a Bakary SOUMANO, sempre disse. A distorção da história veio de Bakary SOUMANO (DIARRA S., 20 de outubro de 2016).

**Terceira versão:** O seribadense NIAKATE veio de Diara e foi acolhido em Ségou por Biton COULIBALY. Casou com Sumba, irmã de Biton. De Ségou, via Niamana, veio instalar-se no sopé da serra de Mandingo, onde fundou a aldeia de Grigoumé. O seu filho Diamoussadia, caçador, percorria a região circundante, frequentando em particular a planície que se estende entre as montanhas e o Níger. Aí vivia um temível jacaré que deu o seu nome ao pântano de Bamakoni. Diamusadia, que matou o animal para alívio dos outros caçadores. Estabeleceu ali um pavilhão de caça e depois fundou uma aldeia agrícola. Reparte então os escravos da sua mãe entre três aldeias vizinhas, Lasa, Mîkungo e Kulunîko, enquanto os restantes permanecem ao serviço do seu pai em Grigoumé. Mais tarde, este último ter-se-á juntado ao filho em Bamako (MEILLASSOUX C., 1963).

## 2.1.3.2. Organização política, administrativa e jurídica do distrito de Bamako

Capital da segunda região do Mali, Bamako era governada por um governador nomeado por decreto e, em 1966, por um presidente da câmara eleito, assistido por um conselho municipal. Em 1978, tornou-se um distrito administrativo autónomo, chefiado por um governador, assistido por dois deputados e 40 conselheiros distritais. Desde a independência, Bamako é administrada por 12 dirigentes, incluindo quatro presidentes eleitos da Câmara Municipal, respetivamente Modibo KEÏTA, Ibrahima N'DIAYE, Badoulaye KONATE e Adama SANGARE, administradores delegados e governadores do distrito de Bamako:

- 1958 - 1968, Modibo KEÏTA (Presidente da Câmara), e por delegação de poderes: Ibrahima SALL, depois, Sounkalo COULIBALY ;
- 1969 - 1970, Chefe de Batalhão Balla KONE (Diretor-Geral) ;
- 1970 - 1978, Capitão Sékou LY (Diretor Geral) ;
- 1978 - 1981, Chefe de Esquadra Oumar COULIBALY (Governador) ;
- 1981 - 1983, Chefe de Batalhão Moussa KEÏTA (Governador) ;
- 1983 - 1990, Yaya BAGAYOGO (Governador) ;

- 1990 - 1991, Abdoulaye SACKO (Governador) ;
- 1991 - 1994, Sra. Sy Kadiatou SOW (Governadora) ;
- 1994 - 1998, Tenente-Coronel Karamoko NIARE (Governador) ;
- 1998 - 2002, Ibrahima N'DIAYE (Presidente da Câmara) ;
- 2002 - 2007, Badoulaye KONATE (Presidente da Câmara) ;
- 2007 até à atualidade Adama SANGARE (Presidente da Câmara).

No plano político e administrativo, o distrito de Bamako era, de acordo com a portaria n° 78-32/CMLN de 18 de agosto de 1978, simultaneamente um distrito administrativo do Estado, situado ao mesmo nível hierárquico que a região, e uma coletividade descentralizada, dotada de personalidade jurídica e de autonomia financeira. O distrito de Bamako é regido pela Lei 96.025 relativa ao Código das Colectividades Locais do Mali, que lhe confere um estatuto especial. O artigo 1.º desta lei estipula que o Distrito de Bamako é uma coletividade territorial descentralizada, dotada de personalidade jurídica e de autonomia financeira. O Conselho de Distrito é atualmente composto por 23 membros eleitos pelos conselhos municipais do distrito. O artigo 3 desta lei estipula que o órgão executivo do Distrito é composto pelo Presidente da Câmara e pelos seus dois adjuntos. Os seus 66 distritos estão divididos em seis comunas, cada uma delas dirigida por um presidente da câmara assistido por um conselho municipal. (DIAKITE S. al., fevereiro de 2018). Através das suas deliberações, o Conselho Distrital resolve os assuntos que são da competência do Distrito e que interessam a toda a aglomeração de Bamako, a seguir enumerados:

- os programas e projectos de desenvolvimento comunitário do Distrito;
- Orçamentos e contas distritais;
- regime de planeamento e desenvolvimento urbano ;
- proteção do ambiente ;
- a construção e a manutenção das infra-estruturas rodoviárias e de saneamento, cuja gestão é transferida para o Distrito;
- a aceitação ou recusa de doações e legados ao Distrito;
- a criação e gestão dos serviços e organizações personalizados do Distrito, a gestão do pessoal;
- gestão dos bens públicos e privados do Distrito;
- construção e manutenção de instalações de interesse para o Distrito, nomeadamente escolas secundárias e institutos de formação, museus, hospitais, etc;
- Determinação das taxas dos impostos e imposições distritais e introdução de impostos remuneratórios;
- cooperação e geminação com outras autarquias locais ;
- regulamentos de polícia administrativa ;
- a denominação das estradas classificadas como pertencentes ao Distrito;
- empréstimos ou garantias ou avales de empréstimos.

O Distrito de Bamako é administrado por um Presidente da Câmara eleito em 25 de agosto de 1998 e assistido por dois deputados. O Conselho Distrital de Bamako é composto pelos seguintes serviços

- Direção Urbana de Boa Ordem e da Proteção do Ambiente ;
- O Serviço de Pessoal ;

- o serviço de regularização da circulação e dos transportes urbanos (BRCTU) ;
- Célula de Apoio às Comunas do Distrito de Bamako (CTAC);
- Direção dos Serviços de Vias Urbanas e de Esgotos (DSUVA);
- Direção Autónoma dos Mercados do Distrito (RAMD);
- o Secretariado Permanente de Geminação ;
- o Museu Distrital ;
- Departamento de TI;
- Cartografia polivalente (CARPOL);
- Centro dos Domínios do Distrito (CDD);
- Centro Distrital de Impostos (CID);
- o Serviço de Finanças do Distrito ;
- Secretariado Geral ;
- o Centro de Orientação, Documentação e Informação ;
- Serviço de Receitas Distritais ;
- o Serviço Distrital de Habitação.

O preâmbulo da Constituição afirma que o povo soberano se compromete a melhorar a qualidade de vida e a proteger o ambiente e o património cultural. O artigo 15.º estabelece igualmente que todos têm direito a um ambiente saudável. A proteção do ambiente, a defesa do ambiente e a promoção da qualidade de vida são um dever de todos e do Estado. (DIAKITE S. al., fevereiro de 2018). Assim, é importante notar que a Câmara Municipal do Distrito de Bamako já dispõe de um arsenal político-administrativo e jurídico para promover a proteção do ambiente através da Diretion Urbaine de Bon Ordre et de la Protection de l'Environnement (DUBOPE).

## 2.1.4. Estudo económico

A economia de Bamako é constituída principalmente por pequenas empresas. As principais actividades económicas do distrito de Bamako são a indústria, o comércio e o turismo, enquanto a agricultura e a pecuária são insignificantes.

A cultura de cereais desapareceu do centro urbano. No entanto, continua a ser praticada em certas zonas do distrito de Bamako, ou seja, na periferia. A horticultura é, pelo contrário, a atividade dominante, praticada nas margens do rio e nos pântanos, mas é mais frequente na periferia do distrito devido à urbanização. Está em declínio devido à falta de quase todos os terrenos necessários.

A criação intensiva de bovinos praticada em zonas periurbanas, a criação de ovinos, caprinos e suínos praticada em concessões urbanas em pequeno número e a criação de aves de capoeira, a avicultura praticada na sua forma moderna em explorações avícolas e na sua forma tradicional em concessões urbanas (Direção Nacional das Rotas, 2018).

O distrito de Bamako é o coração da atividade económica do Mali. A maior parte das unidades industriais estão aqui localizadas. A cidade alberga um grande número de unidades industriais, concentradas na Comuna II. Em 2015, havia 765 empresas industriais em atividade, 21 paralisadas, 71 encerradas e 4 liquidadas no Mali, mas o distrito de Bamako era o que tinha o maior número de unidades industriais, com 403 em atividade, 10 paralisadas e 21 encerradas. ( KONE D et al., 2020).

O comércio é uma das actividades económicas mais desenvolvidas no distrito de Bamako. Ocupa a maioria da população. Esta atividade é exercida em quase todo o território da capital. No entanto, o distrito de Bamako tem mercados dedicados a esta atividade. Cada distrito tem um mercado principal. Os mercados mais importantes do distrito de Bamako são: o mercado Médina Coura, o grand marché, os salões de Bamako e o mercado N'Golonina. Funcionam todos os dias.

Além disso, existem mercados de gado como os de Sans Fil, Djicoroni-para, Djélibougou e Faladjié. Estes últimos foram criados em função da expansão urbana para satisfazer a procura local de carne e de leite. Existem igualmente 3 sítios periurbanos, o mercado de Niamana e o mercado de Moribabougou. No que respeita ao mercado de trabalho ocasional ou informal, as oportunidades de trabalho encontram-se principalmente na cidade, nos grandes mercados e outros centros comerciais, mas também nos estaleiros de construção espalhados pela cidade.

O artesanato, em plena expansão, ocupa uma grande parte da população. Os artesãos estão organizados em associações sob a égide da Federação Nacional dos Artesãos do Mali (FNAM) e estão inscritos por profissão na Câmara do Artesanato.

É de notar que as actividades económicas humanas degradam geralmente a qualidade do ar. $_2$As actividades industriais, as padarias, as pastelarias, as actividades domésticas e a criação de gado emitem vários tipos de poluentes para a atmosfera, como o CO, o CO , as partículas e o metano, que têm um impacto negativo na qualidade do ar no distrito de Bamako.

### 2.1.5.  Apresentação dos sítios

No distrito de Bamako, efectuámos a amostragem em 10 locais, distribuídos pelas 6 comunas. Após um estudo prospetivo, foram selecionados 32 locais, tendo em conta a intensidade do tráfego nas auto-estradas, e foram selecionados 10 locais de amostragem.

Os sítios são :

### 2.1.5.1 Cruzamento do liceu Kankou Moussa em Daoudabougou

Localizada na comuna V do distrito de Bamako, é um cruzamento situado a 12°36'57" de latitude norte e 7°58'43" de longitude oeste. Para aceder ao centro da cidade, é uma passagem obrigatória para certos bairros.

### 2.1.5.2 Entrada da auto-estação de Sogoniko

A auto-estação situa-se na comuna VI do distrito de Bamako, a 12°36'56" de latitude norte e 7°58'43" de longitude oeste. É uma estação de autocarros que atrai muitos passageiros do norte e do sul do país, e mesmo do estrangeiro.

### 2.1.5.3.  Volta a África em Faladjiè

Monumento que se tornou uma das principais rotundas de Bamako, situa-se numa das portas de entrada mais movimentadas para os viajantes. Conhecido como o Monumento da Unidade, o Tour d'Afrique é um cruzamento entre a RN7 e a RN6. O Tour de l'Afrique está situado em Faladjiè, na comuna VI do distrito de Bamako. Situa-se a 12°35'5" de latitude norte e 7°56'38" de longitude oeste. É um cruzamento importante à entrada de Bamako. Recebe a estrada proveniente das regiões sul e norte.

### 2.1.5.4. Cruzamento de semáforos de Kalabancoura

Situado na comuna V do distrito de Bamako, é um cruzamento muito movimentado. Situa-se a 12°35'18" de latitude norte e 7°59'30" de longitude oeste.

### 2.1.5.5. Cruzamento Bacodjicoroni-Kalabancoro

Situada na comuna V do distrito de Bamako, situa-se entre a latitude 12°34'59" norte e a longitude 8°1'23" oeste. É um cruzamento importante entre a Comuna V e Kalabancoro, Comuna de Kati.

### 2.1.5.6. Rotunda de Woyowayanko

Deve o seu nome ao célebre marigot onde se desenrolou a batalha entre os sofos de Almamy Samory TOURE e as tropas francesas, a 2 de abril de 1882. Situada na comuna IV do distrito de Bamako, situa-se entre 12°36'46" de latitude norte e 8°2'40" de longitude oeste. É um ponto de passagem obrigatório para certas populações da Comuna IV, bem como para as da Comuna do Mandé. Situa-se igualmente na RN5.

### 2.1.5.7. Rotunda da Place de l'indépendance

Situa-se em Bamakocoura, na comuna III do distrito de Bamako. É o símbolo da libertação do Sudão francês do jugo colonial francês. Situa-se entre a latitude 12°38'14" Norte e a longitude 8°0'17" Oeste. Para aceder ao centro da cidade, é um dos pontos de passagem mais importantes.

### 2.1.5.8.  Intersecção Alqoods

Situada na Comuna II, em pleno centro do distrito de Bamako, é uma encruzilhada de grande movimento. Situa-se entre 12°39'36" de latitude norte e 7°57'34" de longitude oeste.

### 2.1.5.9.  Volta de Banconi

Situada na estrada RN27 Koulikoro, na comuna I do distrito de Bamako, situa-se entre a latitude 12°39'36" Norte e a longitude 7°57'34" Oeste. É um cruzamento de estradas muito movimentado.

### 2.1.5.10.  Intersecção Malilait sa

Situado na estrada para Sotuba, na zona industrial de Bakarybougou, na comuna II do distrito de Bamako, está situado a 12°38'59" de latitude N e 7°57'54" de longitude W. É um cruzamento muito movimentado para os automobilistas.

### 2.2.  Informações gerais sobre a poluição atmosférica

### 2.2.1. História da poluição atmosférica

A poluição atmosférica é um fenómeno muito antigo que existe desde a Antiguidade. Séneca, um filósofo da escola estoica, dramaturgo e estadista, já se queixava do ar poluído em Roma 61 anos antes de Cristo. ᵉEm Londres, a queima de carvão causou problemas de poluição atmosférica já no século XII, levando o Parlamento a proibir a sua utilização em 1273. Um século mais tarde, em Paris, Carlos VI emitiu um édito proibindo a emissão de "fumos nauseabundos e malcheirosos". (BODART, O., 2020).

[ee]No entanto, embora a poluição sempre tenha existido, desenvolveu-se exponencialmente a partir do final do século XIX e até meados do século XX, com o crescimento da produção industrial que, na ausência de regulamentação vinculativa, foi acompanhada por um aumento das emissões para a atmosfera. [e]A consciencialização dos perigos que a poluição atmosférica representa para a saúde humana começou a crescer em meados do século XX, na sequência de vários episódios de poluição atmosférica, alguns deles trágicos, como o que ocorreu na Bélgica em 1930. [er]De 1 a 5 de dezembro de 1930, uma forte inversão térmica acompanhada de nevoeiro persistiu durante cinco dias no vale do Mosa, no leste da Bélgica, perto de Liège, em consequência de condições anticiclónicas. [2]Os numerosos poluentes emitidos, nomeadamente o dióxido de enxofre (SO ) e as partículas, acumularam-se no vale de um quilómetro de largura, delimitado por colinas com cerca de 100 metros de altura. Os níveis de concentração não podem ser indicados, uma vez que não havia medições de poluentes na altura. [42]No nevoeiro, uma parte do dióxido de enxofre transformou-se em ácido sulfúrico (SO H ). Foram registadas muitas mortes (63 em comparação com 6 em períodos normais) e várias centenas de doenças, atribuídas à poluição. (BODART, O., 2020)

Nas cidades, o incómodo causado pelo tráfego automóvel é um problema endémico, tanto mais incompreensível quanto existem inúmeras alternativas ao automóvel, a começar pela mobilidade suave, como andar a pé ou de bicicleta. Embora possa parecer mais fácil, à primeira vista, reduzir os engarrafamentos (que geram poluição) do que desmantelar uma central térmica (que gera tanta poluição como esta), veremos que, na prática, não é assim tão simples. (BODART, O., 2020).

### 2.2.2. Dinâmica atmosférica

O ar não desempenha um papel na alimentação dos seres humanos, mas é um elemento muito importante para os seres humanos. Por exemplo, um ser humano pode viver alguns dias sem comida ou água, mas não pode viver alguns minutos sem ar. [3]Assim, 0,5 litros de ar armazenados em cada respiração, 16 respirações / minuto (respiração em repouso) e o volume de ar é igual a 11,5 m (ou 13,5 kg) / dia. [33]O volume de ar inspirado em repouso é de 0,5 m /h, mas durante a atividade aumenta para 1,2 m /h. (Thierry Billard , fevereiro de 2017).

A atmosfera terrestre é uma fina camada de gás ou mistura de gases que envolve a Terra. É composta por cerca de 78% de azoto, 21% de oxigénio e 1% de outros gases (incluindo árgon, vapor de água, dióxido de carbono e ozono). (Aymeric SPIGA, ano letivo 2013-2014)O campo gravitacional, orientado verticalmente, tende a organizar a atmosfera em camadas estratificadas verticalmente, cujos limites foram definidos de acordo com as descontinuidades nas variações de temperatura em função da altitude.(Florian VENDEL, 12 de abril de 2011). A atmosfera é composta por várias camadas: a troposfera, a estratosfera, a mesosfera, a termosfera e a exosfera. Para além destas, existem outras camadas atmosféricas que se definem não pela temperatura mas pelas propriedades eléctricas da atmosfera terrestre. São elas a ionosfera e a magnetosfera. Mas é preciso notar que estamos interessados na troposfera, a primeira camada.

É a camada mais baixa da atmosfera. Situa-se a 8 km nos pólos e a 16 km acima do equador. A temperatura diminui 6°C por km. (Thierry Billard , fevereiro de 2017) Dentro desta camada, a temperatura diminui em média 6,5 K/km, enquanto a pressão e a densidade diminuem quase exponencialmente. (Edouard LEES , 17 de dezembro de 2020).

É a camada mais densa da atmosfera, contendo 75% da massa da atmosfera, e a quase totalidade do vapor de água ou da humidade atmosférica encontra-se na troposfera. (Thierry Billard , fevereiro de 2017). É nesta camada que ocorrem os fenómenos meteorológicos (nuvens, chuva, etc.) e os movimentos atmosféricos horizontais e verticais (convecção térmica, ventos).

A camada limite da troposfera é a tropopausa. A este nível, o gradiente térmico vertical altera-se, pois diminui na troposfera, torna-se subitamente muito fraco na tropopausa e anula-se na estratosfera inferior.

## 2.2.3. Principais poluentes atmosféricos

### 2.2.3.1. Poluentes primários

#### 2.2.3.1.1. Monóxido de carbono

O monóxido de carbono (CO) é um gás incolor, inodoro e insípido produzido pela combustão incompleta de qualquer matéria orgânica, incluindo combustíveis fósseis (derivados do petróleo), resíduos e madeira (CAMARA Fodie Sidi, 24 de junho de 2014), (CHARPIN. D et al., 2016). As principais fontes antropogénicas de monóxido de carbono são, de longe, os transportes (veículos a gasóleo), o sector industrial e o aquecimento da madeira (CHARPIN. D et al., 2016)

O monóxido de carbono entra na corrente sanguínea e impede a difusão do oxigénio para os órgãos e tecidos. As pessoas que sofrem de doenças cardiovasculares são as que correm maior risco. Concentrações elevadas de CO podem provocar perturbações da visão, redução da destreza e problemas motores. (CAMARA Fodie Sidi, 24 de junho de 2014).

## 2.2.3.1.2. Dióxido de enxofre

O dióxido de enxofre é um gás incolor, não inflamável, com um odor penetrante que irrita os olhos e as vias respiratórias. É solúvel na água e pode ser oxidado em gotículas de água transportadas pelo vento. $_2$O dióxido de enxofre provém principalmente da combustão de combustíveis fósseis, durante a qual as impurezas de enxofre contidas nos combustíveis são oxidadas pelo oxigénio do ar em dióxido de enxofre $SO_2$ (Actu-environnement, n.d.). A origem deste poluente gasoso e incolor, que tem um odor forte, desagradável e sufocante em concentrações elevadas.

$_2$O dióxido de enxofre (SO ) é um gás incolor com um odor semelhante ao dos fósforos queimados. Combinado com o oxigénio, transforma-se em trióxido de enxofre que, juntamente com a água atmosférica, forma uma névoa de ácido sulfúrico. O processo de oxidação pode também levar à formação de um aerossol de ácido sulfúrico. O dióxido de enxofre é o precursor dos sulfatos, principais componentes das partículas respiráveis em suspensão na atmosfera (CAMARA Fodie Sidi, 24 de junho de 2014).

Este poluente é libertado por uma grande variedade de fontes domésticas e industriais: instalações de aquecimento doméstico, veículos a gasóleo, instalações de produção de eletricidade e de vapor, sistemas de aquecimento urbano, refinarias de petróleo, metalurgia de metais não ferrosos, etc. O gás também pode ser de origem natural: em algumas partes do mundo, as erupções vulcânicas são responsáveis por uma grande parte das emissões de dióxido de enxofre. (NDONG A., 25 de janeiro de 2019).

### 2.2.3.1.3. Óxidos de azoto

$_2$Dos muitos óxidos de azoto que existem na atmosfera, o óxido nítrico NO e o dióxido de azoto NO são os mais envolvidos nos mecanismos de poluição atmosférica. Estes dois poluentes são geralmente designados por óxidos de azoto (Governo canadiano, 2013).

O óxido nítrico (NO) é um gás incolor e inodoro à temperatura ambiente. $_2$Instável em contacto com o ar, transforma-se em dióxido de azoto (NO ). $_2$O dióxido de azoto (NO ) é um gás castanho-avermelhado com um odor muito irritante. $_{23}$É solúvel em água e reage com a água para produzir ácido nitroso (HNO ) e ácido nítrico (HNO ). $_{22}$O óxido nítrico (NO) é formado pela combinação do dinitrogénio (N ) com o oxigénio atmosférico (O ) durante a combustão a alta temperatura. Este poluente é, por conseguinte, emitido por instalações de aquecimento de espaços, centrais eléctricas, instalações de incineração e automóveis. (NDONG A., 25 de janeiro de 2019). Está igualmente envolvido nas reacções atmosféricas que produzem o ozono troposférico (CAMARA Fodie Sidi, 24 de junho de 2014).

$_2$O NO pode irritar os pulmões e reduzir as defesas contra as infecções do trato respiratório. As pessoas que sofrem de asma e bronquite são mais susceptíveis. ₂O NO é quimicamente transformado em ácido nítrico diluído que, quando devolvido ao solo, contribui para a acidificação dos lagos. ₂O NO ataca igualmente os materiais (corrosão dos metais, descoloração dos tecidos, degradação da borracha) e provoca danos nas árvores e nas culturas. (CAMARA Fodie Sidi, 24 de junho de 2014).

### 2.2.3.1.4. Compostos orgânicos voláteis

Os compostos orgânicos voláteis (COV) são uma família de vários milhares de compostos (hidrocarbonetos aromáticos, cetonas, álcoois, alcanos, aldeídos, etc.) com caraterísticas muito diversas. A definição mais comummente aceite (norma ISO 16000-6) é a de substâncias orgânicas com um ponto de ebulição entre 100 e 240°C. A volatilidade destes compostos sob a forma de gases ou vapores explica a sua capacidade de se propagarem para longe do seu local de emissão e de contaminarem a atmosfera.

Os COV podem ser de origem natural (emitidos pelas plantas ou por certas fermentações) ou, na maior parte das vezes, resultantes da atividade humana (origem antropogénica). ₄É frequente distinguir-se o metano (CH ), que é um COV específico porque está naturalmente presente no ar. Estes são designados por COV metano (MVOC) e COV não metano (NMVOC). Os COV são amplamente utilizados no fabrico de muitos produtos e materiais de decoração e mobiliário: tintas, vernizes, colas, produtos de limpeza, aglomerados de madeira, alcatifas, tecidos novos, hidrocarbonetos, solventes, etc. São também emitidos pelo fumo e pelas actividades de manutenção e bricolage. Podem ir de um simples incómodo olfativo a irritações diversas (no local de contacto), ou mesmo a uma diminuição da capacidade respiratória, podendo mesmo ter efeitos mutagénicos e cancerígenos (benzeno, certos HAP). Em concentrações elevadas (mais frequentemente medidas no local de trabalho), alguns são capazes de induzir o cancro ou prejudicar a fertilidade (NDONG, A., 2019).

### 2.2.3.1.5. Partículas em suspensão

O termo "partícula" refere-se a uma mistura de matéria fina sólida e/ou líquida suspensa no ar. As partículas são mais frequentemente classificadas de acordo com o seu diâmetro aerodinâmico (chamado tamanho), um parâmetro importante para caraterizar a sua capacidade de penetrar no sistema respiratório, sem ter em conta critérios morfológicos ou composição química  (CHARPIN. D et al., 2016).

As partículas são classificadas de acordo com o seu tamanho. É feita uma distinção entre :

- poeira sedimentável: é o maior tipo de poeira. Cai num raio de alguns quilómetros do local onde foi emitida;
- Poeiras em suspensão: são partículas em suspensão com um diâmetro médio inferior a 75 µm (aproximadamente o diâmetro de um cabelo humano);
- $_{10}$PM (PM significa partículas em suspensão): são partículas com um diâmetro médio inferior a 10 µm;
- $_{2,5}$PM (também conhecidas como "partículas finas"): são partículas com um diâmetro aerodinâmico médio inferior a 2,5 µm. Podem permanecer suspensas no ar durante dias devido à sua leveza. São produzidas principalmente por processos de combustão;

- $_1$PM (partículas com um diâmetro aerodinâmico médio inferior a 1 μm, conhecidas como partículas submicrónicas)
- $_{0.1}$PM (partículas ultrafinas, partículas com um diâmetro aerodinâmico inferior a 100 nm): a sua pequena dimensão conduz a uma maior interface partícula/ambiente e a um aumento da proporção de átomos presentes na superfície e, por conseguinte, a uma maior reatividade do que as partículas maiores. (NDONG A., 25 de janeiro de 2019).

### 2.2.3.2. Poluentes secundários

$_3$O ozono (O ) é um gás essencial à vida na Terra. Naturalmente presente na atmosfera, forma uma camada na estratosfera que protege contra os raios ultravioletas (mais de 97% dos raios ultravioletas são interceptados por esta camada). No entanto, nas camadas inferiores da atmosfera (troposfera, de 0 a 12 km acima do nível do solo), o ozono é um poluente atmosférico nocivo devido às suas propriedades oxidantes. A molécula de ozono é constituída por três átomos de oxigénio. $_2$Sendo um gás instável, dissocia-se à temperatura ambiente, formando um átomo de oxigénio (O) e uma molécula de oxigénio (O ).(Diretion Régionale de l'Environnement, de l'Aménagement et du Logement, 2019).

É um poluente secundário, resultante de transformações fotoquímicas complexas entre certos poluentes, como os óxidos de azoto (NOx), o monóxido de carbono e os compostos orgânicos voláteis (COV). É irritante para o sistema respiratório e para os olhos  (NDONG A., 25 de janeiro de 2019).

O ozono troposférico irrita as vias respiratórias e os olhos. O desconforto respiratório, a tosse e a pieira são sintomas de exposição a concentrações elevadas de ozono. As crianças e os idosos, bem como as pessoas com problemas respiratórios e cardíacos, são particularmente vulneráveis. O ozono é responsável por um maior número de internamentos hospitalares e de mortes prematuras. O ozono pode afetar o rendimento das culturas agrícolas e danificar as plantas de jardim e as árvores. (CAMARA Fodie Sidi, 24 de junho de 2014).

## 2.2.4. A poluição atmosférica e os mecanismos de transformação e de dispersão dos poluentes

### 2.2.4.1. Factores que influenciam a poluição atmosférica

A poluição atmosférica é uma mistura complexa e em constante mutação de vários poluentes químicos, biológicos e físicos que podem ser tóxicos para o homem e prejudiciais para o ambiente. (BODART, O., 2020)

### 2.2.4.1.1. Factores meteorológicos

Os factores meteorológicos são essenciais para o transporte e a dispersão dos poluentes.

### 2.2.4.1.1.1. Vento

O vento é o ar que se desloca dos anticiclones (alta pressão) para as depressões (baixa pressão). (Fóruns Infoclimat, 2006). Está presente em todas as escalas, tanto em termos de direção como de velocidade. A influência do vento na poluição atmosférica é muito variável; quando o vento é forte, os níveis de poluição são baixos. Por outro lado, a baixa velocidade do vento favorece a acumulação local de poluentes.

### 2.2.4.1.1.2. Precipitação

A precipitação contribui para a limpeza da atmosfera. Favorece a dispersão da poluição atmosférica e, por vezes, acelera a dissolução de certos poluentes.

### 2.2.4.1.1.3. Humidade

A humidade é a quantidade de água presente no ar sob a forma de vapor.(Infoclimat Forums, 2006). Desempenha um papel vital no processo de limpeza do ar através da ação da precipitação. No entanto, a humidade em relação à cobertura de nuvens também desempenha um papel na redução da radiação solar, limitando assim os processos fotoquímicos.

### 2.2.4.1.1.4 Influência da estabilidade atmosférica

Uma atmosfera é estável se uma massa de ar, quando deslocada da sua posição de equilíbrio, tende a regressar. É instável se não for esse o caso. Estes movimentos de ar são guiados por leis termodinâmicas. Se a massa de ar levantada for mais fria do que o ambiente circundante, será mais densa e, por conseguinte, regressará ao seu nível inicial (atmosfera estável). Se a massa de ar que está a ser levantada for mais quente do que o ambiente circundante, será mais leve e, por conseguinte, subirá (atmosfera instável). Assim, a estabilidade de uma massa de ar depende da sua temperatura no momento da elevação, em relação à temperatura do ar circundante estacionário através do qual passa. A estrutura térmica vertical da troposfera desempenha assim um papel importante na mistura vertical das massas de ar e, consequentemente, na diluição dos poluentes. Em condições normais de difusão na troposfera, a temperatura diminui com a altitude. Esta situação não impede a difusão vertical das massas de ar e, por conseguinte, dos poluentes, até atingirem um certo equilíbrio, ou seja, a densidade do ar ambiente é a mesma que a do ar ascendente. No entanto, podem existir situações de inversão de temperatura acima de uma determinada altura. Nesta situação, uma camada de ar quente encontra-se por cima de uma camada de ar mais frio, actuando como uma cobertura térmica. O ar poluído, que se dispersa para cima numa situação normal de difusão, é então bloqueado por esta camada de ar quente (DIAF N. et al, 2003).

### 2.2.4.1.1.5. Gradiente térmico

O gradiente térmico determina se o ar é estável ou instável. Este pode favorecer ou não a dispersão dos poluentes em altitude por um mecanismo físico-químico das partículas. Referimo-nos ao gradiente adiabático do ar, que é húmido ou seco.

O limite de estabilidade das camadas atmosféricas em equilíbrio é de -1°C por 100 metros de diferença de altura numa atmosfera seca. Quando a atmosfera é húmida, o valor deste gradiente aumenta para cerca de -0,5°C/100 metros. Quando o gradiente é inferior ou igual a -0,5°C por 100 metros, existe uma difusão normal na atmosfera. A temperatura em altitude é inferior à temperatura no solo. Pelo contrário, quando o gradiente é superior a -0,5°C/100 metros, há pouca difusão para os níveis mais elevados da atmosfera. É mesmo possível, quando o gradiente se torna positivo, ter uma temperatura mais elevada a grande altitude do que a baixa altitude, é o fenómeno da inversão térmica. Existe uma camada de ar quente a média altitude que se opõe à difusão do ar frio no solo(DIAF N. et al, 2003).

## 2.2.4.1.2. Factores topográficos

A topografia é um fator-chave na dispersão das emissões de poluentes atmosféricos.

### 2.2.4.1.2.1. Vales

A presença de um vale é geralmente desfavorável à dispersão dos poluentes. As massas de ar não se deslocam na mesma direção de manhã e à noite. De manhã, o ar aquece nas encostas e cria uma corrente que sobe o vale. Os poluentes são rapidamente dispersos, mas à noite o fenómeno inverte-se: o ar frio desce as encostas e acumula-se no fundo do vale, à medida que vai descendo. A poluição evacuada durante o dia é depois arrastada para o vale durante a noite.

### 2.2.4.1.2.2. Encostas

Os declives são considerados ambientes receptores de poluentes (obstáculos naturais), porque quanto mais rectos forem, maior será a deposição de poluentes na parte exposta ao vento e menor será a deposição na parte oposta.

## 2.2.4.2. Mecanismos de transformação e dispersão dos poluentes

Há quatro fases na vida dos poluentes na atmosfera: emissões, transporte e dispersão dos poluentes, transformação química e deposição.

Os poluentes na atmosfera passam pelas seguintes fases:

### 2.2.4.2.1. Fase de emissões

As emissões de poluentes têm um grande impacto na qualidade do ar. Alguns poluentes são emitidos diretamente para a atmosfera. ₂São os chamados poluentes primários: óxidos de azoto (NOx), dióxido de enxofre (SO ), monóxido de carbono (CO), partículas em suspensão (PM) e certos compostos orgânicos voláteis. Estes poluentes provêm de múltiplas fontes, incluindo fontes naturais e antropogénicas (DIAF N. et al, 2003).

### 2.2.4.2.2. Fase de transporte e dispersão dos poluentes

Uma vez emitidos para a atmosfera, os poluentes podem percorrer distâncias consideráveis a partir das suas fontes de emissão, em função de factores meteorológicos e topográficos (relevo). Existe uma dispersão vertical ligada ao gradiente térmico vertical e uma dispersão horizontal ligada à velocidade e à direção do vento. (DIAF N. et al, 2003).

### 2.2.4.2.3. Fase de transformação química

A atmosfera é um meio oxidante e estas transformações conduzem à oxidação progressiva dos elementos. Durante o transporte, os poluentes são transformados por reacções químicas complexas para formar outros poluentes (DIAF N. et al, 2003). [2433]Através de reacções químicas na atmosfera, os poluentes primários são transformados em poluentes secundários, representados por ácidos como o ácido sulfúrico (H SO ), o ácido azótico (HNO ) e o ácido carbónico (HCO ). Estes resultam da reação química dos poluentes primários com a água atmosférica.

**Por exemplo**

[2]O dióxido de enxofre (SO ) combina-se com o oxigénio para formar trióxido de enxofre que, quando combinado com a água atmosférica, forma uma névoa de ácido sulfúrico.

₃O ozono troposférico (O ) é formado pela reação de óxidos de azoto (NOx) e compostos orgânicos voláteis (COV) na presença de calor e de raios ultravioleta.

## 2.2.4.2.4. Fase de controlo da poluição atmosférica

A deposição, como o seu nome indica, reúne os processos que permitem que a matéria em suspensão no ar e certas espécies químicas gasosas formem um depósito e acabem à superfície. Estes depósitos contribuem depois para o enriquecimento ou a poluição do ecossistema, por exemplo, entrando na cadeia alimentar. A deposição pode ocorrer quer por absorção, quer por captura direta a partir de reacções bioquímicas, como a fotossíntese, ou ainda durante fenómenos de condensação (designados por lixiviação), como a chuva, o orvalho ou a geada. Embora muitas vezes discretos, os depósitos crónicos de origem atmosférica ou pluvial (na proximidade de certas indústrias poluentes, portos, minas, grandes fontes de poluição rodoviária ou zonas de agricultura intensiva) podem, por vezes, constituir uma fonte importante de poluição. As quantidades assim depositadas na atmosfera contribuem para a contaminação dos solos e das águas e, por conseguinte, da biosfera.

# CAPÍTULO III: QUADRO INSTITUCIONAL E REGULAMENTAR, PROCESSOS DE URBANIZAÇÃO, ESTADO DAS INFRA-ESTRUTURAS RODOVIÁRIAS, MOBILIDADE URBANA E SEU IMPACTO NA QUALIDADE DO AR NO DISTRITO DE BAMAKO

## 3.1 Quadro institucional e regulamentar

A poluição em geral, e a poluição atmosférica urbana em particular, é uma preocupação importante. Para assegurar uma gestão correta, as autoridades malianas não só criaram um quadro institucional e regulamentar, como também ratificaram várias convenções e acordos internacionais.

De um modo geral, no Mali, a gestão das questões ambientais abrange todas as actividades desenvolvidas no âmbito da aplicação da política nacional de proteção do ambiente, em conformidade com a regulamentação em vigor. É da responsabilidade do Ministério do Ambiente, do Saneamento e do Desenvolvimento Sustentável. De acordo com o Decreto N°2017-0 3 5 8/ P-RM de 26 de abril que estabelece as competências específicas dos Membros do Governo, o Ministério do Ambiente, Saneamento e Desenvolvimento Sustentável prepara e implementa a política nacional nos domínios do ambiente e do saneamento, e assegura que as questões de desenvolvimento sustentável são tidas em conta na formulação e implementação de políticas públicas.(Direção Nacional de Estradas, julho de 2017). Como tal, é responsável por:

- melhorar a qualidade de vida das pessoas;

- implementar acções para proteger a natureza e a biodiversidade;
- combater a degradação dos solos, a desertificação, o assoreamento dos cursos de água e as alterações climáticas;
- preservação dos recursos naturais e controlo da sua utilização economicamente eficiente e socialmente sustentável;
- desenvolver e aplicar medidas para prevenir ou reduzir os riscos ambientais;
- a promoção do tratamento sistemático das águas residuais;
- prevenir, reduzir ou eliminar a poluição e os incómodos ;
- elaborar e controlar a aplicação da legislação relativa à caça, à silvicultura, à poluição e aos incómodos;
- salvaguardar, manter ou recuperar florestas classificadas e terrenos degradados, e criar novas florestas classificadas;
- divulgar informações sobre o ambiente e educar o público sobre a proteção do ambiente;
- desenvolver e conduzir debates públicos sobre o desenvolvimento sustentável e as questões ambientais e os desafios que o Mali enfrenta;
- reforço das capacidades (Direção Nacional de Estradas, julho de 2017).

Para levar a cabo esta missão, o MEADD apoia-se num conjunto de serviços centrais e anexos. Os serviços envolvidos neste projeto são os seguintes a Diretion Nationale des Eaux et Forêts (DNEF) foi criada pela Lei N°09-028/AN-RM de 27 de julho de 2009, a Agence de l'Environnement et du Développement Durable foi criada pela Lei N°10-027/P-RM de 12 de julho de 2010, a Agence Nationale de Gestion des

Stations d'Epuration du Mali (ANGESEM) criada pelo Decreto N°07-0115/P-RM de 28 de março de 2007, ratificada pela Lei n.º 07-042 de 28 de junho de 2007, e a Diretion Nationale de l'Assainissement et du Contrôle des Pollutions et des Nuisances (DNACPN), regida pelo Decreto n.º 98-027/P-RM de 25 de agosto de 1998, que criou e fixou as missões da DNACPN. (Direção das Estradas Nacionais, julho de 2017). A DNACPN é responsável por:

- controlar e assegurar que as políticas sectoriais e os planos e programas de desenvolvimento tenham em conta as questões ambientais e apliquem as medidas adoptadas neste domínio;
- garantir o cumprimento dos decretos relativos a estudos de impacto ambiental e auditorias ambientais; decretos que estabelecem procedimentos de gestão de resíduos sólidos e líquidos; decretos que estabelecem a lista de resíduos perigosos,
- Elaborar e garantir o cumprimento das normas nacionais em matéria de tratamento de águas residuais, poluição e perturbações;
- educar, informar e sensibilizar os cidadãos para os problemas das condições de vida insalubres, da poluição e dos incómodos;
- acompanhar a situação ambiental do país em colaboração com os organismos competentes (Direção Nacional de Estradas, julho de 2017).

No que diz respeito à regulamentação dos poluentes atmosféricos, o Mali não dispõe de equipamento de amostragem adequado. Segundo Cheick Oumar Diarra, chefe de divisão da DNACPN, entrevistado em setembro de 2022: *"A DNACPN foi criada para acompanhar e controlar o cumprimento da regulamentação ambiental em todo o país. Mas esta estrutura carece de meios financeiros e materiais para cumprir a sua missão. Na ausência de dados científicos recentes, é difícil avaliar com exatidão a qualidade do ar. Introduzir regulamentação específica sobre as emissões dos veículos e regulamentação específica sobre as emissões atmosféricas das fábricas".*

Por exemplo, GOUMANE M., ecologista da AEDD, entrevistado a 7 de setembro de 2022, afirmou: *"O estado da qualidade do ar em Bamako é uma questão de jurisprudência. Atualmente, no Mali, não existem dados estatísticos ou científicos fiáveis que provem que a qualidade do ar em Bamako é má. Mas houve tentativas, incluindo a DNACPN, que é a autoridade competente para gerir todas as questões de poluição e incómodo, que foi equipada com um dispositivo móvel para recolher amostras de ar em Bamako, efetuar análises e dizer com precisão e exatidão a que nível se pode qualificar a qualidade do ar em Bamako. Infelizmente, foi um fracasso porque nunca houve resultados, devido à falta de recursos qualificados".*

É importante sublinhar que o Mali, que adoptou textos e ratificou acordos internacionais em matéria de proteção do ambiente, só está interessado no saneamento, que é certamente um problema. Mas deve também debruçar-se sobre a poluição atmosférica, que tem efeitos muito desastrosos não só para a saúde pública, mas também para o ambiente. O Estado deve dotar a DNACPN dos meios necessários para lutar eficazmente contra a poluição atmosférica.

## 3.2. Processo de urbanização

Todas as cidades necessitam de um Plano Diretor Urbano (Schéma Directeur d'Urbanisme ou SDU), que define as grandes linhas de desenvolvimento específico. À medida que uma cidade cresce, aumentam os problemas de gestão do saneamento, da mobilidade, da habitação, das frotas automóveis, da poluição, etc., enquanto no Mali, a tónica é colocada principalmente no desenvolvimento e na expansão, que se faz através de loteamentos, da reabilitação e do saneamento.

A cidade de Bamako existiu durante muito tempo como uma encruzilhada para o comércio, mas foi muito afetada pela chegada dos colonos (PURBA, 2021). De 1883 até aos nossos dias, Bamako, a pequena aldeia bambara, passou de 800 habitantes para uma aglomeração urbana complexa com mais de um milhão de almas. (Hassimiyou LY, dezembro de 2009) Bamako era originalmente constituída por uma grande aldeia bambara (Niarela) e um bairro mouro (Tourela, atualmente Bagadadji) dentro de um recinto. A localização de Bamako oferecia vantagens como o terreno do vale do rio, uma encruzilhada comercial de vias terrestres e fluviais, um local naturalmente defensivo e a capacidade de expansão para os quatro pontos cardeais. (Hassimiyou LY, dezembro de 2009).

Inicialmente, o coronel Borgni Desbordes transformou a aldeia bambara numa fortaleza militar, construindo um forte, que ficou concluído em 1884. Seguiu-se a criação de uma linha de caminho de ferro entre Kayes e Bamako, que impulsionou o comércio a tal ponto que os comerciantes europeus se deslocaram para Bamako. Assim nasceu a ideia de criar uma cidade e, mais tarde, de transferir a capital de Kayes para Bamako como base de influência, como instrumento de exploração, que foi proclamada em 1908 (Hassimiyou LY, dezembro de 2009). A partir de então, a administração e os colonos brancos ocuparam o centro da cidade, evacuando os "nativos" que tinham sido instalados na periferia. O princípio do loteamento em tabuleiro de xadrez já estava estabelecido, com vias largas e rectas para permitir a circulação do ar, a criação de estradas e redes diversas, o controlo dos "indígenas", a homogeneização da imagem urbana e a cobrança de impostos. Novos bairros africanos, como Médina Coura, Bagadadji, Oulofobougou e Darsalam, foram criados entre 1936 e 1946 para responder às necessidades de mão de obra da empresa colonial. Após a guerra, o governo de Louveau iniciou uma política rigorosa de plantação de caïcédrat, mangueiras e flamboyants, e os novos projectos urbanos visavam principalmente o desenvolvimento dos bairros europeus do centro da cidade. Só em 15 de maio de 1949 é que foi elaborado um projeto de plano de urbanização para toda a cidade de Bamako-Koulouba. Este plano previa grandes desenvolvimentos, como a ponte Vincent Auriol (atual Pont des Martyrs) e a relocalização da estação ferroviária, que nunca chegou a ser realizada. No que diz respeito à habitação, para além do desenvolvimento generalizado de bairros sociais, o planeamento urbanístico foi muito reduzido. No plano espacial, a cidade estendia-se apenas ao longo da margem esquerda. (DIARRA B. , al., 2003)

Até 1960, as normas urbanísticas que regulavam a dinâmica do espaço urbano limitavam-se a decretos relativos à parte habitada pelos brancos (DIARRA B. , al., 2003) . No que diz respeito a Bamako, nos anos 60, estes limitavam-se apenas à Rive Gauche (RG). Do Hipódromo à costa de Hamdallaye. Com a explosão demográfica, a cidade de Bamako teve de se expandir não só na Rive Droite (RG), mas também na Rive Droite (RD). A RG é o centro de atividade por excelência, enquanto a Rive

Droite é considerada um dormitório. Assim, o centro da cidade, que alberga escritórios e lojas, viu alguns escritórios e infra-estruturas comerciais deslocarem-se para a RD com a criação de centros comerciais, escolas e centros desportivos.

A partir de 1947, o projeto da ponte foi iniciado por Vincent Royal para planear a futura expansão de Bamako na RD. A infraestrutura foi construída entre 1958 e 1960. A construção da Pont des Martyrs orientou o desenvolvimento urbano para a Rive Droite, com a esperança de criar as aldeias de Badalabougou, Torocorobougou e Sogoniko. Ao mesmo tempo, novos bairros tradicionais como Badialan, N'Tomikorobougou, Bolibana, Hamdallaye, Missira e Quinzambougou desenvolveram-se na RG. Com o crescimento demográfico, as aldeias da periferia de Bamako, como Samé, Djicoroni, Faladjié, Djélibougou, Fadjiguila, Magnambougou, Daoudabougou e Kalabancoura, foram ultrapassadas pela urbanização e engolidas pela aglomeração. Esta inflação demográfica está a causar problemas importantes na gestão e no planeamento dos equipamentos e das infra-estruturas públicas.

Os proprietários de terras tradicionais estão a lotear e a vender áreas dentro do perímetro de urbanização. Já em 1976, havia cerca de 45.000 pedidos de terrenos e as zonas de urbanização descontrolada ocupavam tanto espaço como os bairros antigos.

O Schéma Directeur d'Aménagement et d'Urbanisme de Bamako e arredores foi elaborado em 1979 e aprovado em 1 de abril de 1981 pelo decreto 111 /PGRN por um período de trinta anos (1981-2010), (DIARRA B. , al., 2003). O objetivo era melhorar a aplicação da legislação fundiária e controlar o desenvolvimento anárquico da capital(Hassimiyou LY, dezembro de 2009). A versão original foi revista duas vezes (em 1990 e 1995). Estas revisões estão em conformidade com o decreto de aprovação, que prevê uma revisão de cinco em cinco anos (DIARRA B. , al., 2003).

A cidade de Bamako registou um crescimento bastante sustentado entre 1986 e 2014. O período foi marcado por programas de expansão urbana com vários empreendimentos nos dois lados da cidade. O bairro ACI 2000, o ACI de Sotuba e a zona de Attbougou de Yirimadio são exemplos de grandes programas de extensão realizados durante este período. O ritmo acelerado do crescimento urbano de Bamako levou ao esgotamento das suas reservas fundiárias, pelo que a atenção se voltou para os terrenos das comunas circundantes para a realização dos projectos de Bamako. Este facto provocou a urbanização destas comunas, exercendo uma forte pressão sobre as suas propriedades fundiárias. Neste contexto de urbanização rápida, o saneamento continua a ser uma parte mal gerida da cidade, com investimentos que nunca foram capazes de conter o problema (PURBA, 2021).

Existe uma relação significativa entre a urbanização e a poluição no sentido mais lato do termo, e ainda mais especificamente. A urbanização diz respeito ao aumento da população urbana, que por sua vez conduz à mobilidade urbana, que por sua vez aumenta a poluição atmosférica. O desenvolvimento urbano inclui espaços verdes conhecidos como "pulmões verdes" para permitir que a população urbana respire ar puro. Desde as orientações definidas nos documentos de planeamento até às escolhas de desenvolvimento feitas para as zonas construídas e não construídas, o ordenamento do território e as decisões de desenvolvimento têm um impacto direto no ambiente e na saúde dos residentes locais. A densificação das cidades, essencial para limitar a expansão urbana e o volume de deslocações, pode, no entanto, conduzir a uma concentração nas zonas urbanas de muitas emissões ligadas às actividades humanas. O planeamento e o desenvolvimento regional representam, por conseguinte, verdadeiros desafios para a saúde pública. (Alliance des collectivités pour la qualité de l'air, 2021).

Por conseguinte, é necessário construir estradas para evitar o congestionamento do tráfego, que é uma das causas fundamentais da poluição atmosférica na cidade de Bamako (quadro 8).

**Quadro 8: A urbanização, fator de poluição atmosférica no distrito de Bamako**

| | | Força de trabalho | Percentagem (%) |
|---|---|---|---|
| Válido | Sim | 77 | 51,3 |
| | Não | 73 | 48,7 |
| | **Total** | **150** | **100** |

**Fonte: inquéritos pessoais, 2022**

Estas estatísticas relativas à população de Bamako mostram claramente que a urbanização pode ser um fator de poluição atmosférica se não acompanhar o crescimento da população urbana. Quando a população cresce, os problemas urbanos multiplicam-se e diversificam-se. Assim, de um total de 150 indivíduos, todos residentes em Bamako, 77 (51,3%) afirmaram que a urbanização poderia ser uma das causas da poluição atmosférica em Bamako, contra 73 (48,7%) que consideraram que a urbanização não tinha qualquer impacto na qualidade do ar.

### 3.3 Infra-estruturas rodoviárias no distrito de Bamako

A República do Mali é um país sem saída para o mar, tanto interna como externamente, o que torna o seu desenvolvimento socioeconómico dependente dos transportes. Bamako, a capital económica e política do país, fica a cerca de 1.000 km de Conakry, o porto marítimo mais próximo. A densidade rodoviária real é atualmente de 1,33 km/100 km². Esta densidade é uma das mais baixas do mundo e da sub-região (3,1 km/100 km² para a CEDEAO e 4,7 km/100 km² para o continente africano), o que evidencia o facto de o Mali ser um país sem litoral. Nas vésperas da independência nacional, em 1960, o Mali dispunha de uma rede rodoviária de 4 000 km, incluindo 370 km de estradas asfaltadas (Direção Nacional das Estradas, julho de 2017). Construída nas duas margens do rio Níger, Bamako tem uma rede rodoviária de cerca de 1600 km, dos quais quase 350 km são asfaltados. Esta rede responde a uma procura de deslocações essencialmente radial. A estrutura da rede rodoviária concentra a maior parte do tráfego no centro da cidade (A. DICKO, 2021).

Em Bamako, as autoridades públicas tomaram consciência do problema da poluição atmosférica na sequência de uma série de medições da concentração de poeiras efectuadas em dezembro de 2008. O rápido crescimento da população da cidade e do tráfego automóvel está a provocar um aumento significativo desta poluição(Banco Mundial, janeiro de 2010).

A extensão total da rede rodoviária da cidade de Bamako é atualmente de cerca de 1.525 km, dos quais 22%, ou seja, cerca de 334 km, são asfaltados, distribuídos da seguinte forma entre as diferentes comunas da cidade de Bamako (quadro 9).

**Quadro 9: Estado das infra-estruturas rodoviárias em Bamako**

|  |  | **Trabalhadores** | **Percentagem (%)** |
|---|---|---|---|
| Válido | Bom | 4 | 2,7 |
|  | Razoavelmente bom | 33 | 22,0 |
|  | Mau | 111 | 74,0 |
|  | Abstenção | 2 | 1,3 |
|  | **Total** | **150** | **100,0** |

**Fonte: inquéritos pessoais, 2022**

O estado das infra-estruturas rodoviárias tem um impacto negativo na qualidade do ar no distrito de Bamako. Em África, a rede rodoviária do distrito de Bamako é uma das mais fracas da sub-região. A infraestrutura rodoviária do distrito de Bamako está muito mal conservada. Esta situação leva à proliferação de partículas finas nas estradas e à volta delas. Nos resultados dos inquéritos à população-alvo, 111, ou seja, 74% dos inquiridos, afirmaram que o estado da infraestrutura rodoviária do distrito de Bamako era mau, num total de 150 indivíduos. Segundo DIALLO L., Diretor-Adjunto da DUBOPE, entrevistado a 15 de setembro de 2022, *"O estado das infra-estruturas rodoviárias no Distrito de Bamako é mau e tem um impacto negativo na qualidade do ar"*. Segundo a CM: *"A poeira é a principal causa da poluição atmosférica em Bamako, proveniente das estradas, devido à passagem de automóveis sobre elas. O estado do alcatrão é muito mau"*. Esta ideia é apoiada por RT nos seus comentários: *"Se há muita poeira em Bamako, é porque as*

*estradas estão em muito mau estado, o que contribui para a deterioração*
*da qualidade do ar no Distrito de Bamako"* (quadro 10).

**Quadro 10: Contribuição do estado das infra-estruturas para a
deterioração da qualidade do ar em Bamako**

| | | Força de trabalho | Percentagem (%) |
|---|---|---|---|
| Válido | Sim | 128 | 85,3 |
| | Não | 14 | 9,3 |
| | Abstenção | 5 | 3,3 |
| | Não sei | 3 | 2,0 |
| | **Total** | **150** | **100** |

**Fonte: inquéritos pessoais, 2022**

A má manutenção das infra-estruturas rodoviárias contribui, nomeadamente, para a deterioração da qualidade do ar para os utentes das estradas e para o ambiente de vida da população local. Durante os inquéritos às populações-alvo, 128, ou seja, 85,3% dos inquiridos, declararam que o estado da infraestrutura rodoviária contribui para a deterioração da qualidade do ar no distrito de Bamako.

Com exceção de algumas estradas no distrito de Bamako, a manutenção da maioria das estradas continua a ser um problema grave. As estradas do distrito de Bamako são frequentemente invadidas por areia e lixo. Os veículos têm os tubos de escape virados para o chão. Assim, quando estão a trabalhar, não só emitem fumo como também levantam poeira. Este facto contribui significativamente para a deterioração da qualidade do ar neste ambiente.

### 3.4. Mobilidade urbana

Atualmente, a mobilidade urbana é um grande desafio que envolve a saúde pública, a proteção do ambiente e o ordenamento e planeamento do território (ADEME, setembro de 2015).

A urbanização e o crescimento da população estão a aumentar a procura de mobilidade. Nas últimas duas décadas, registou-se um aumento acentuado da mobilidade individual. A mobilidade urbana engloba todas as medidas, incluindo a garantia de acessibilidade, a mobilidade sustentável e a construção, manutenção e adaptação das redes de transportes aos padrões de deslocação da população. Bamako está a crescer a cada dia que passa, com uma superfície de 267 km². (FOFANA I. e TOGOLA I., 2020)

De acordo com o Sr. K da Direção de Regulação da Circulação e do Transporte Urbano (DRCTU) entrevistado a 14 de outubro de 2022: "*A mobilidade urbana é a capacidade de pessoas e bens se deslocarem ou serem transportados de um local para outro na cidade. A mobilidade urbana no Distrito de Bamako refere-se à deslocação de pessoas e bens. Por conseguinte, centra-se no perímetro urbano restrito da metrópole e não diz respeito à mobilidade rural. O plano abrange, portanto, todos os meios (transportes, infra-estruturas, equipamentos, etc.) criados para facilitar a deslocação das pessoas na cidade de Bamako*".

O desenvolvimento sustentável das cidades visa dar uma resposta coerente a um certo número de objectivos, entre os quais a qualidade de vida: lutar contra a expansão urbana e o consumo excessivo de espaços naturais, preservar a biodiversidade, os ambientes e os recursos, e combater os incómodos como o ruído. Conseguir manter as mercadorias e as pessoas em movimento, reduzindo simultaneamente os incómodos associados ao tráfego automóvel, é um desafio para os decisores. (ADEME, setembro de 2015). Em Bamako, o aumento geral do tráfego concentrou-se em grande parte no transporte rodoviário, em detrimento de outros modos menos consumidores de energia e menos poluentes, como o transporte ferroviário e fluvial (ADEME, setembro de 2015).

Bamako é o maior centro de desenvolvimento económico do Mali. A cidade acolhe todas as actividades económicas do país: primária (6%), secundária (20%), terciária (60%) e um sector informal. Desempenha um papel preponderante na industrialização do Mali. É a sede de 70% das empresas industriais do Mali. Por conseguinte, a cidade de Bamako é um local de consumo e de circulação de mercadorias por excelência e reúne todas as funções terciárias: política, administrativa e económica. Enquanto capital económica e política do Mali, a cidade é o ponto de partida e de destino de cerca de 70% do tráfego de mercadorias intra e extra-nacional. No distrito de Bamako, o número de deslocações diárias é estimado em cerca de 2 000 000, das quais 1 500 000 são efectuadas pelos diferentes meios de transporte, e as deslocações pedonais são estimadas em cerca de 500 000 por dia. (A. DICKO, 2021).

De acordo com o Sr. K (DRCTU) entrevistado em 14 de outubro de 2022: "*Apesar do crescimento exponencial da população, o Distrito de Bamako não dispõe atualmente de um plano de mobilidade urbana. Um plano de mobilidade urbana (PMU) é um plano estratégico concebido para satisfazer as necessidades de mobilidade das pessoas e bens nas cidades e seus ambientes para uma melhor qualidade de vida e de acordo com os seus movimentos. Trata-se, portanto, de um conjunto de medidas destinadas a otimizar e a aumentar a eficácia das deslocações da população de uma cidade, a reduzir as emissões poluentes e o tráfego rodoviário, por um lado, e a melhorar a fluidez do tráfego e das infra-estruturas, por outro. Esta abordagem de planeamento, tradicionalmente aplicada ao longo de vários anos, exige uma coordenação entre todos os intervenientes para a elaboração de um projeto global de ordenamento do território e de transportes".* Segundo a mesma pessoa: *"o Distrito de Bamako dispõe de um Plano Distrital de Tráfego de 1988, atualmente quase obsoleto e que não responde às necessidades de deslocação.*

*No entanto, foram implementados planos para melhorar o fluxo de tráfego:*

- *a melhoria de um plano de tráfego para o centro da cidade;*
- *o desenvolvimento de passagens pedonais (passadeiras, passadiços, luzes pedonais, etc.);*
- *o desenvolvimento de vias para veículos de duas rodas (pistas e caminhos para bicicletas);*
- *incentivar a utilização dos transportes públicos: diversificar os tipos de transporte urbano de passageiros (moto-táxis, bicicletas assistidas eletricamente......) e de mercadorias (triciclos);*
- *adaptação em parceria com os operadores de transportes estruturados;*
- *a oferta existente em termos de serviços, flexibilidade e tarifas dos transportes públicos;*

- *garantir que as pessoas possam ir e vir de suas casas através da implementação de um plano de deslocações pendulares.*

*As consequências de um plano de mobilidade urbana mal concebido são de vária ordem. Mas, de um modo geral, um plano de mobilidade urbana mal concebido, como é o caso da cidade de Bamako, resume-se a um sistema de transportes disfuncional e a problemas de deslocação.*

*Não se pode falar de mobilidade quotidiana em Bamako sem mencionar em primeiro lugar a degradação da rede rodoviária e as dificuldades de funcionamento dos transportes colectivos urbanos, que incluem :*

- *as condições de mobilidade diária são afectadas pela expansão urbana;*
- *Os transportes urbanos geram poluição ambiental, sonora e sanitária, bem como a deterioração da qualidade do ar;*
- *alterações na flexibilidade, produtividade e bem-estar;*
- *a insuficiência e o mau estado de conservação das estradas principais vêm juntar-se às dificuldades causadas pela presença de pontos de estrangulamento (pontes sobre o rio Níger, estradas de acesso na zona central).*

*Por conseguinte, a rede secundária está fortemente comprometida e, salvo raras excepções, é insuficiente e não pavimentada, o que tem frequentemente um impacto grave nas ligações internas entre bairros, geralmente intransitáveis para os veículos. Os problemas rodoviários afectam o funcionamento dos transportes públicos (TP): baixas velocidades, custos de exploração elevados, dificuldades em servir a circular.*

*Muito dependentes do estado das infra-estruturas, os autocarros de grande capacidade são obrigados a ceder o espaço dos TC aos veículos mais pequenos, que constituem uma oferta muito limitada. A utilização de um meio de transporte relativamente local (táxi, miniautocarro, moto-táxi, etc.) encarece a deslocação das famílias com baixos rendimentos.*

*A deslocação a pé é o principal meio de transporte em Bamako, e o aumento do número de pessoas a andar a pé implica o entupimento dos passeios, o mau estado do pavimento, a insalubridade do ambiente urbano, a falta de iluminação pública e o risco de acidentes ou assaltos.*

O.K. acrescenta: *"A população do distrito de Bamako está a crescer exponencialmente, com o corolário de que o tráfego rodoviário se está a deteriorar, levando à poluição do ar. A urbanização tem a sua quota-parte de responsabilidade, porque este é um problema urbano".*

### 3.4.1. Transportes urbanos

O transporte no distrito de Bamako é efectuado por motociclos, triciclos, automóveis particulares, veículos comerciais, reboques, semi-reboques, etc. Nas grandes metrópoles africanas, como Bamako, que alberga 50,14% da população urbana do Mali, o transporte de mercadorias depara-se com vários problemas: a elevada densidade populacional anarquicamente distribuída e recursos muito limitados (infra-estruturas, recursos ambientais, etc.). O transporte urbano em Bamako é quase exclusivamente rodoviário, utilizando diversos meios (motorizados e não motorizados). (A. DICKO, 2021)

A cidade de Bamako dispõe de três grandes terminais de passageiros: o terminal de Sogoniko, na margem direita do rio Níger, com cerca de 3,5 hectares, utilizado principalmente para os transportes interurbanos, mas com algumas zonas dedicadas aos transportes urbanos; o terminal de Médine, na margem esquerda, com cerca de 2,20 hectares. O IBC de Djicoroni-para, também na margem esquerda, ocupa uma área de cerca de 1,5 hectares e dispõe de lugares de estacionamento para todos os tipos de transporte.(Banco Mundial, janeiro de 2010)(quadro 11).

**Quadro 11: Tipo de meios de transporte utilizados em Bamako**

| | | Força de trabalho | Percentagem (%) |
|---|---|---|---|
| Válido | VP | 17 | 11,33 |
| | TC | 35 | 23,33 |
| | Motociclo | 45 | 30,00 |
| | Bicicleta | 1 | 0,66 |
| | Pé | 2 | 1,33 |
| | Total | **150** | **100** |

**Fonte: inquéritos pessoais, 2022**

Os inquéritos de campo revelaram que, no Distrito de Bamako, o meio de transporte utilizado atualmente pela maioria dos habitantes da cidade é a motocicleta com 45, ou seja, 30%, seguido do veículo de transporte público com 35, ou seja, 23,33%, depois o automóvel particular com 17, ou seja, 11,33%, e finalmente o pé com 2, ou seja, 1,33%, e a bicicleta com 1, ou seja, 0,66%.  Assim, tendo em conta a sua idade e o tipo de combustível utilizado, os transportes públicos e os automóveis particulares, que ocupam respetivamente o segundo e o terceiro lugar entre os meios de mobilidade urbana, contribuem atualmente de forma considerável para a degradação da qualidade do ar no meio urbano. **Segundo a OK:** *"O tráfego rodoviário é um meio vital para regular a circulação de automóveis, peões ou qualquer outro tipo de estrada".*

### 3.4.2. Idade das frotas de automóveis e qualidade dos combustíveis

Atualmente, no distrito de Bamako, os estudos revelaram que a maioria dos automóveis tem 16 anos ou mais. Num total de 150 amostras, 132 carros têm 16 anos ou mais (88%), em comparação com 18 carros (12%). É importante sublinhar que os automóveis com 17 anos, 30 anos e 32 anos são os mais numerosos. Os CT utilizam os veículos mais antigos (por exemplo, 44 anos). As estatísticas da DGT confirmam este facto, pois segundo a DGT: *"Em 2021, os 284 382 automóveis em circulação no Mali tinham 16 anos ou mais, num total de 484 234 automóveis".*

Segundo GOUMANE, ecologista da AEDD, entrevistado a 7 de setembro de 2022: *"A idade dos veículos: mais de 50% dos veículos em Bamako têm mais de 15 anos. As estatísticas confirmam este facto. Contribuem para as emissões de CO, que por sua vez podem contribuir para a deterioração da qualidade do ar". Acrescentou que, de acordo com o Office National des Transports, cerca de 80% dos veículos do país estavam em Bamako em 2004.*

Esta situação provoca enormes engarrafamentos nas artérias que servem os subúrbios. Segundo Cheick Oumar Diarra, Chefe de Divisão da DNACPN, entrevistado em setembro de 2022: *"Os transportes*

*continuam a ser dominados por veículos em segunda mão (mais de 80%
da frota tem mais de 11 anos e mais de 70% tem mais de 16 anos). A
estes veículos usados juntam-se as máquinas de duas rodas, como as
motas, que são cada vez mais numerosas. Todos estes veículos utilizam
combustíveis fósseis (519 823 toneladas importadas em 2004, fonte:
Office National des Produits Pétroliers) contendo enxofre (7%)
(DIALLO M., 1997), e emitem poluentes tóxicos como o monóxido de
carbono (CO) e numerosos compostos orgânicos voláteis (COV)
perigosos para o ambiente e para a saúde.* [10]*O transporte é também uma
fonte de poeiras, incluindo PM (poeiras respiráveis)"* (quadro 12).

**Quadro 12: Relação entre a idade dos veículos e a qualidade do ar no
distrito de Bamako**

| | | Força de trabalho | Percentagem (%) |
|---|---|---|---|
| Válido | Sim | 135 | 90 |
| | Não | 15 | 10 |
| | **Total** | **150** | **100** |

**Fonte: inquéritos pessoais, 2022**

Os inquéritos revelaram que a idade dos automóveis constitui atualmente
uma séria ameaça à qualidade do ar nas cidades. Dos 150 inquiridos, 135
(90%) afirmaram que a idade dos seus veículos tinha um impacto na
qualidade do ar, em comparação com 15 (10%) (quadro 13).

**Quadro 13: Evolução do parque automóvel do distrito de Bamako**

| Região | Bamako | | | |
|---|---|---|---|---|
| Género /Ano | 2019 | 2020 | 2021 | Total |
| Automóvel pessoal | 221 183 | 240 456 | 264 303 | 258 025 |
| Transportes públicos | 27503 | 28446 | 29395 | 35 447 |

| | 23 090 | 24 792 | 27 226 | 75 108 |
|---|---|---|---|---|
| Camião | 23 090 | 24 792 | 27 226 | 75 108 |
| Carrinha | 32442 | 35402 | 38833 | 106 677 |
| Reboque | 223 | 229 | 239 | 691 |
| Semirreboque | 18376 | 19941 | 21568 | 22 027 |
| Trator rodoviário | 21087 | 22675 | 24373 | 24 660 |
| **TOTAL** | **343 904** | **371 941** | **405 937** | **522 635** |

Fonte: Direção-Geral dos Transportes, 2022

O número de veículos no distrito de Bamako está a aumentar rapidamente. Passará de 343.904 em 2019 para 405.937 em 2021. Neste crescimento, os automóveis particulares e os transportes públicos ocupam o primeiro lugar, mas tal não inclui os veículos de duas rodas, que são atualmente um dos meios de transporte mais utilizados no distrito de Bamako. Atualmente, o Mali não dispõe de uma lei que estabeleça um limite de idade para os veículos importados, como acontece na Costa do Marfim, por exemplo. Esta situação está a provocar enormes engarrafamentos nas artérias que servem os subúrbios. Segundo Cheick Oumar Diarra, Chefe da Divisão da DNACPN, entrevistado em setembro de 2022: *"Os transportes continuam a ser dominados por veículos em segunda mão (mais de 80% da frota tem mais de 11 anos e mais de 70% tem mais de 16 anos)"*. A qualidade do ar é pior em Dakar e Lagos do que em Pequim. O Programa das Nações Unidas para o Ambiente (PNUA) denuncia os gases de escape como uma das principais fontes de poluição atmosférica nas zonas urbanas. A maior parte dos automóveis e camiões que circulam a sul do Sara são importados em segunda mão, cerca de 85% dos quais na África Ocidental. A qualidade do ar nestas grandes cidades africanas não melhorará significativamente enquanto continuarem a ser vendidos gasóleo e gasolina com elevado teor de enxofre. Em África, apesar de progressos significativos em certas regiões, muitos países continuam a autorizar a venda de combustíveis com elevado teor de enxofre. À escala continental, o limite médio é de 2000 ppm, ou seja, 200 vezes o nível autorizado na Europa. Alguns países, como o Mali e o Congo-Brazzaville, fixaram um limiar de 10 000 ppm(Public Eye, setembro de 2016). O Mali abastece-se de produtos petrolíferos provenientes da Costa do Marfim, do Senegal, do Togo, da Gâmbia, do Gana, do Benim e do Níger. A Costa do Marfim e o Senegal são os principais fornecedores, representando 38% e 52,37%, respetivamente. O Mali, o Senegal e a Costa do Marfim utilizam a mesma norma. Na especificação "premium unleaded 91", o teor de enxofre é de 150 ppm, e na especificação "premium unleaded 91", o teor de enxofre é de 150 ppm.   (ONAP, 2022)(quadro 14).

**Quadro 14: Tipos de veículos e combustível utilizado**

|  |  | Tipo de veículo | | Total |
|---|---|---|---|---|
|  |  | **Automóvel particular** | **Transportes públicos** |  |
| Tipo de combustível utilizado | Gasolina | 65 | 2 | 67 |
|  | Gasóleo | 41 | 42 | 83 |
| **Total** |  | **106** | **44** | **150** |

**Fonte: inquéritos pessoais, 2022**

Os inquéritos efectuados junto dos proprietários de veículos automóveis sobre os seus documentos de matrícula, numa amostra de 150 veículos, mostram que os veículos particulares são os mais numerosos, com 106, ou seja, 70,66%, contra 44, ou seja, 26,66%, de veículos comerciais. Os combustíveis utilizados são a gasolina e o gasóleo. No entanto, o combustível dominante é o gasóleo, utilizado por 83 automóveis, ou seja, 55,33%, contra 67, ou seja, 44,66%, para a gasolina. Entre os automóveis, 42 (95,45%) dos CT utilizam gasóleo, em comparação com 2 (4,54%) dos PC, enquanto mais PC utilizam gasolina do que gasóleo. Mais 65 automóveis utilizam gasolina (61,32%) do que 41 automóveis (38,67%). Assim, no distrito de Bamako, em 150 carros, 83 carros, ou 55,33%, utilizam gasóleo, em comparação com 63 carros, ou 44,66%, que utilizam gasolina. Dos dois tipos de combustível, o gasóleo, que é o mais utilizado atualmente, tem um teor de enxofre muito elevado, mais do que a gasolina (quadro 15).

**Quadro 15: Relação entre a qualidade dos combustíveis e a qualidade do ar em Bamako**

| | | Força de trabalho | Percentagem (%) |
|---|---|---|---|
| Válido | Sim | 112 | 74,7 |
| | Não | 38 | 25,3 |
| | **Total** | **150** | **100** |

**Fonte: inquéritos pessoais, 2022**

Os combustíveis de má qualidade constituem uma séria ameaça para a qualidade do ar. Quanto mais fraca for a qualidade do combustível, maior será o teor dos seus componentes. Assim, de acordo com os inquéritos à população-alvo, 112, ou seja, 74,7% dos inquiridos afirmaram que a qualidade dos combustíveis tem um impacto negativo na qualidade do ar em Bamako, contra 38, ou seja, 25,3%.

A qualidade dos combustíveis é idêntica à dos combustíveis da região. A gasolina com chumbo foi retirada de circulação. O gasóleo tem um teor de enxofre muito elevado (10 000 ppm), o que provoca emissões elevadas de dióxido de enxofre e de poeiras sob a forma de sulfatos. O enxofre é também responsável pela deterioração dos motores a gasóleo (BURGEAP, 2010).

## 3.5. Impactos na qualidade do ar no distrito de Bamako

### 3.5.1. Amostragem em 19 de janeiro de 2022 nas duas margens do distrito de Bamako

#### 3.5.1.1. Concentrações de poluentes nos diferentes locais

Durante o dia 19 de janeiro de 2022, as concentrações de poluentes recolhidas nos diferentes locais mantiveram-se variadas e significativas (Mapa 2).

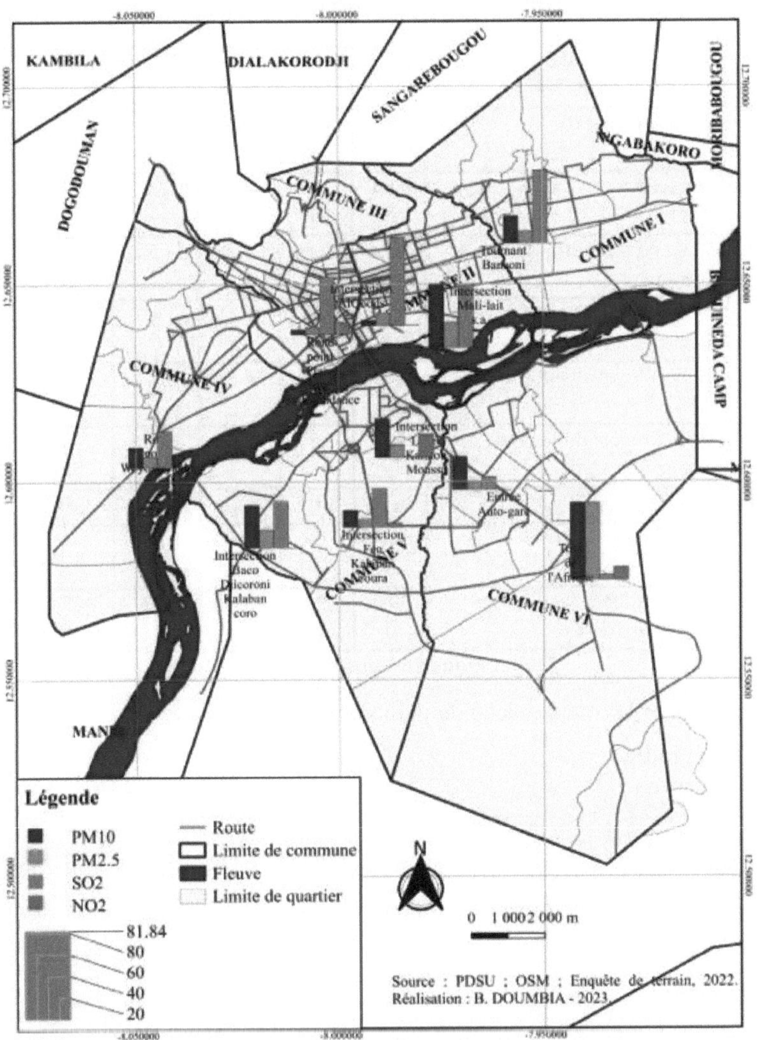


Quadro 16: Concentração de poluentes durante o dia 19 de janeiro de 2022 nas duas margens do Distrito de Bamako

| Sítios /Poluentes | PM$_{10}$ µg/m$^3$ | PM$_{2.5}$ µg/m$^3$ | NÃO$_2$ µg/m$^3$ | SO$_2$ µg/m$^3$ | O$_3$ µg/m$^3$ |
|---|---|---|---|---|---|
| Intersecção lycée Kankou moussa | 35,58 | 11,86 | 1,18 | 21,34 | 0 |
| Entrada da Autostação | 30,83 | 8,30 | 11,86 | 23,72 | 0 |
| Viagem a África | 71,16 | 71,16 | 4,74 | 11,86 | 0 |
| Intersecção do semáforo de Kalabancoura | 15,41 | 7,11 | 35,58 | 3,55 | 0 |
| Cruzamento Bacodjicoroni-Kalabancoro | 39,14 | 16,60 | 42,69 | 0 | 0 |
| Rotunda de Woyowayanko | 18,97 | 10,67 | 34,39 | 0 | 0 |
| Ponto de referência do local de independência | 4,74 | 7,11 | 53,37 | 11,86 | 0 |
| Intersecção Alqoods | 4,74 | 11,9 | 81,8 | 0 | 0 |
| Volta de Banconi | 24,90 | 10,67 | 67,60 | 0 | 0 |
| Intersecção Malilait sa | 59,30 | 23,70 | 58,11 | 0 | 845,68 |

**Fonte: inquéritos pessoais, 2022**

No quadro 16, a concentração de poluentes em 19 de janeiro varia de um local para outro:

$_{10}$ $^3_2$ $^3_{2.5}$ $^3$No cruzamento do Liceu Kankou Moussa em Daoudabougou, a uma temperatura de 25°C, o PM foi o poluente dominante com 35,58 µg/m , seguido do NO com 21,34 µg/m e do PM com 11,86 µg/m . $_2$$^3_3$O SO manteve-se baixo com 1,1 µg/m , mas o O manteve-se nulo, sem que nenhum poluente excedesse a norma da OMS (foto 6).

**Foto 6: cruzamento do semáforo do Liceu Kankou Moussa em Daoudabougou, na Comuna V do Distrito de Bamako**

**Fonte: fotografia pessoal, janeiro de 2022**

Esta fotografia, tirada na manhã de janeiro de 2022, mostra o cruzamento do semáforo da escola secundária Kankou Moussa em Daoudabougou, na Comuna V do distrito de Bamako. O tráfego da autoestrada é muito reduzido neste local. $_{10}$Nesta fotografia, a concentração indexada é PM .

$_{10}{}^3{}_2{}^3{}_2{}^3{}_{2.5}{}^3{}_3$À entrada do terminal de autocarros, a uma temperatura de 25°C, o PM é o poluente dominante com 30,83µg/m , seguido do NO com 23,72µg/m , do SO com 11,86µg/m e do PM com 8,3µg/m , enquanto o O permanece nulo. Por conseguinte, nenhum poluente ultrapassa a norma da OMS (foto 7).

**Foto 7: Entrada da estação de autocarros de Sogoniko na comuna VI do distrito de Bamako**

Esta fotografia mostra a entrada da grande estação de automóveis de Sogoniko. Foi tirada às 11 horas da manhã. Aqui podemos ver a grande intensidade do tráfego da autoestrada e o estado de degradação da estrada neste local. Esta intensidade elevada explica-se pelo facto de ser constantemente utilizada pelos transportes públicos. ${}_{10}$As concentrações aqui indexadas são PM , e $NO_2$

${}_{102.5}{}^3_2{}^3_2$ ${}^3$No Tour de l'Afrique em Faladjiè, a uma temperatura de 25°C, PM e PM são os poluentes dominantes, com 71,16 µg/m cada, seguidos de NO com 11,86 µg/m e SO com 4,74 µg/m . O ${}_3$permanece nulo. ${}_{10}{}^3{}_{2.5}{}^3$ O PM ultrapassa a norma da OMS fixada em 45 µg/m , tal como o PM fixado em 15µg/m (foto 8).

**Foto 8: Rotunda Tour de l'Afrique na comuna VI do distrito de Bamako**

Esta fotografia mostra o Tour de l'Afrique em Faladjiè. Foi tirada às 11 horas da manhã. Aqui pode ver-se o tráfego intenso da autoestrada neste local e o mau estado do pavimento. Esta intensidade elevada explica-se pelo facto de o Tour de l'Afrique ser um cruzamento de automóveis provenientes de Sikasso e das regiões do norte, bem como de transportes públicos dos bairros vizinhos. $_{102.5}$As concentrações indexadas são PM e PM nesta imagem.

$_2$ $^3_{10}$ $^3_{2.5}{}^3$Verifica-se que na intersecção do semáforo de Kalabancoura, a uma temperatura de 28°C, o SO é o poluente dominante com 35,58µg/m , seguido do PM com 15,41µg/m , e do PM com 7,11µg/m . $_2{}^3_3$O NO é baixo, com 5,55µg/m , e o O é nulo.

$_2$ $^3_{10}{}^3_{2.5}{}^3_{23}$No quadro acima, no dia 19 de janeiro de 2022, com uma temperatura de 28°C, o SO atingiu 42,69µg/m , seguido do PM com 39,14µg/m , e do PM com 16,60µg/m , mas o NO e o O foram nulos no cruzamento Kalabancoro-Bacodjicoroni. $_{2.5}{}^3_2{}^3$ Constatamos que o PM ultrapassa a norma da OMS fixada em 15 µg/m , tal como o SO fixado em 40 µg/m (foto 9).

**Foto 9: Intersecção Kalabancoro-Bacodjicoroni**

2022/01/18 12:42

**Fonte: fotografia pessoal, janeiro de 2022**

Esta fotografia, tirada a meio do dia de janeiro de 2022, mostra o cruzamento Kalabancoro-Bacodjicoroni. Neste local, podemos ver não só um fluxo intenso de veículos, mas também o estado de degradação da estrada. Esta intensidade elevada explica-se pelo facto de vários bairros poderem ser alcançados a partir deste cruzamento. As concentrações indexadas são : $_{102.5}$PM , PM e SO$_2$.

$_2{}^3$$_{10}{}^3$ $_{2.5}{}^3$Na rotunda de Woyowayanko, a uma temperatura de 32°C, quando as amostras foram recolhidas em 19 de janeiro de 2022, o SO atingiu 34,39 µg/m , seguido do PM com 18,97µg/m e do PM com 10,67 µg/m . $_{23}$O NO e o O são nulos (foto 10).

**Foto 10: Rotunda de Woyowayanko em Djicoroni-para na Comuna IV do Distrito de Bamako**

**Fonte: fotografia pessoal, janeiro de 2022**

Esta fotografia, tirada na tarde de janeiro de 2022, mostra a rotunda de Woyowayanko, na Comuna IV do Distrito de Bamako. O tráfego na autoestrada é muito reduzido neste local. Esta fraca intensidade explica-se pelo facto de, a esta hora do dia, as pessoas terem regressado aos seus locais de trabalho. $_2$O índice de concentração é: SO .

$_2{}^3$$_2{}^3$$_{2.5}{}^3$$_{10}{}^3$O quadro mostra igualmente que na rotunda da Praça da Independência, a uma temperatura de 32°C, o SO é o mais dominante com 53,37 µg/m , seguido do NO com 11,86 µg/m , depois do PM com 7,11 µg/m e do PM com 4,74 µg/m . O $_3$ é nulo. $_2{}^3$Apenas o SO ultrapassa a norma da OMS de 40 µg/m (foto 11).

**Foto 11: Rotunda da Place de l'indépendance em Bamakocoura, comuna III, distrito de Bamako**

**Fonte: fotografia pessoal, janeiro de 2022**

Nesta fotografia tirada na tarde de janeiro de 2022, pode ver-se a rotunda da Praça da Independência. O tráfego na autoestrada neste local é ligeiro. $_2$A concentração indexada é: SO .

$_2$ $^3$$_{2.5}$ $^3$ $_{10}$$^3$ $_{2}$ $_{3}$ No cruzamento de Alqoods, as amostras recolhidas em 19 de janeiro de 2022 a uma temperatura de 34°C mostram que o SO é o poluente dominante com 81,84 µg/m , seguido do PM com 11,86 µg/m e do PM com 4,74 µg/m , enquanto o NO e o O são nulos. $_2$$^3$ Apenas o SO ultrapassa a norma da OMS de 40 µg/m (foto 12).

**Foto 12: Cruzamento de Alqoods na Comuna II do Distrito de Bamako**

**Fonte: fotografia pessoal, janeiro de 2022.**

Nesta fotografia tirada na tarde de janeiro de 2022, podemos ver o cruzamento de Alqoods, no centro da cidade do distrito de Bamako. Neste local, o tráfego de autoestrada é muito intenso. Este elevado volume de tráfego de autoestrada pode ser explicado pelo facto de este local albergar o maior mercado do Distrito. Trata-se, por conseguinte, de uma encruzilhada e de um local de trocas. A concentração indexada é de $SO_2$

$_2$ $^3_{10}$ $^3_{2.5}$ $^3$No desvio de Banconi, a uma temperatura de 34°C, o SO foi o poluente dominante com 67,6 µg/m , seguido do PM com 24,9 µg/m e do PM com 10,67 µg/m . $_{23}$ O NO e o O foram nulos. $_2{}^3$Apenas o SO ultrapassou a norma da OMS de 40 µg/m (foto 13).

**Foto 13: Curva de Banconi via Koulikoro na Comuna I do Distrito de Bamako**

**Fonte: fotografia pessoal, janeiro de 2022**

Esta fotografia mostra a curva de Banconi à tarde. [e]Neste local, podemos observar uma grande intensidade de tráfego na autoestrada, o que se explica pelo facto de se tratar de um cruzamento e de continuar para Koulikoro, atravessando o rio pela ponte 3, e para vários outros distritos. As concentrações indexadas são : $PM_{10}$ e $SO_2$

$PM_{10}^3$ $SO_2^3$ Finalmente, na intersecção Malilait sa, a uma temperatura de 33°C, o $O^3$ é o poluente dominante com 845,56 µg/m$^3$, seguido do PM com 59,3 µg/m$^3$, e do SO com 58,11µg/m$^3$, mas o NO é nulo. $PM_{10}^{3}$ $_{2.5}^{3}$Neste local, o PM excede a norma da OMS fixada em 45 µg/m$^3$. O PM excede-a, sendo fixado em 15µg/m$^3$. $^3_2$ O SO , fixado em 40µg/m$^3$, também ultrapassa a norma da OMS. $_3^{33}$Quanto ao O , fixado pela OMS em 100µg/m$^3$ durante 8 horas ou 60µg/m$^3$ durante a época alta, ultrapassa a norma da OMS neste local (foto 14).

**Foto 14: Cruzamento de Maillait sa na zona industrial da comuna II do distrito de Bamako**

**Fonte: fotografia pessoal, janeiro de 2022**

Esta fotografia, tirada em janeiro de 2022 às 16h00, mostra o cruzamento de Malilait sa, na zona industrial da Comuna II do Distrito de Bamako. Neste local, podemos observar não só um fluxo intenso de veículos, mas também o mau estado da estrada. Esta intensidade elevada pode ser explicada pelo facto de esta hora do dia marcar a descida dos trabalhadores. ePara além disso, a estrada conduz à ponte 3 no distrito de Bamako. Neste local, as concentrações indexadas são : $_{102.52,3}$PM , PM SO e O .

### 3.5.1.2. Estado dos diferentes poluentes nos diferentes locais durante o dia 19 de janeiro de 2022 nas duas margens do distrito de Bamako

Durante o dia 19 de janeiro de 2022, nos diferentes locais de amostragem do ar no distrito de Bamako, o estado dos poluentes registados permaneceu geralmente baixo (quadro 17).

**Quadro 17: PM$_{10}$**

| Poluente<br>Sítios | PM$_{10}$<br>$^3$(em µg/m<br>) | Temperatura<br>(em °C) |
|---|---|---|
| Intersecção Lycée Kankou Moussa | 35,58 | 25 |
| Entrada da Autostação | 30,83 | 25 |
| Viagem a África | 71,16 | 28 |
| Intersecção do semáforo de Kalabancoura | 45,07 | 28 |
| Cruzamento Bacodjicoroni-Kalabancoro | 39,14 | 30 |
| Rotunda de Woyowayanko | 11,86 | 32 |
| Rotunda da Place de l'indépendance | 4,74 | 32 |
| Intersecção Alqoods | 4,74 | 34 |
| Volta do Banconi | 24,90 | 34 |
| Intersecção Malilait sa | 59,30 | 33 |

$^3$**Fonte: inquéritos pessoais, 2022** *Norma da OMS: 45 µg/m durante 24 horas*

[333] $_{10}$$^3$Este quadro mostra que, em 19 de janeiro de 2022, com temperaturas entre 25 e 34°C, o Tour de l'Afrique com 71,16 µg/m , o cruzamento de Malilait-sa com 59,30 µg/m e o cruzamento do semáforo de Kalabancoura com 45,07 µg/m registaram os valores mais elevados de PM, ultrapassando a norma da OMS de 45 µg/m durante 24 horas. Em locais como [3333]o cruzamento Bacodjicoroni Kalabancoro (39,14 µg/m ), o cruzamento Lycée Kankou Moussa (35,58 µg/m ), a entrada da auto-estação (30,83 µg/m ), a curva de Banconi (24,90 µg/m )[333]a rotunda de Woyowayanko (11,86 µg/m ), a rotunda da Place de l'indépendance (4,74 µg/m ) e o cruzamento de Alqoods (4,74 µg/m ), todos registaram valores baixos (gráfico 1).

**Gráfico 1: PM$_{2.5}$**

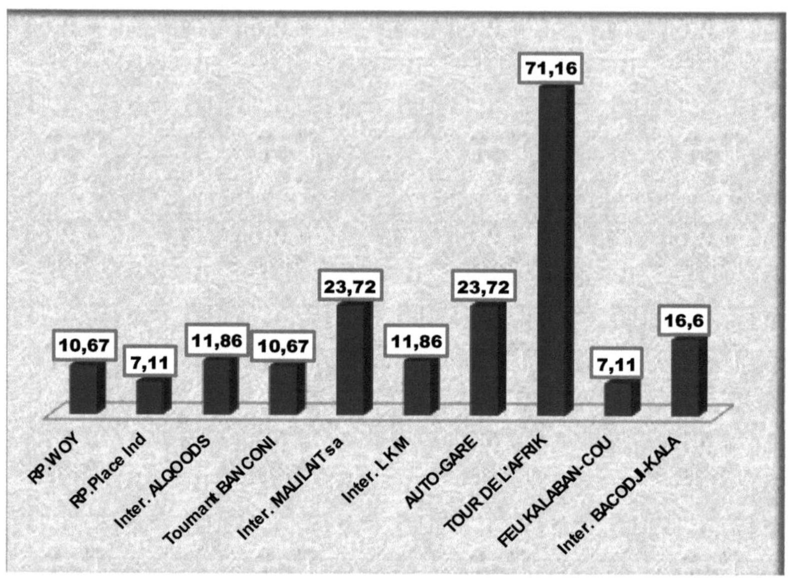


[3]**Fonte: inquéritos pessoais, 2022** *Norma da OMS: 15 μg/m durante 24 horas*

[3333]$_{2.5}$ O gráfico mostra que, durante o dia 19 de janeiro de 2022, o Tour de l'Afrique (71,16 μg/m ), o cruzamento Malilait sa (23,72 μg/m ), a entrada da auto-estação (23,72 μg/m ) e o cruzamento Bacodjicoroni Kalabancoro (16,6 μg/m ) registaram concentrações de PM que excederam a norma da OMS. As concentrações nos outros locais, embora não negligenciáveis, são baixas (gráfico 2).

Gráfico 2: Situação do dióxido de enxofre

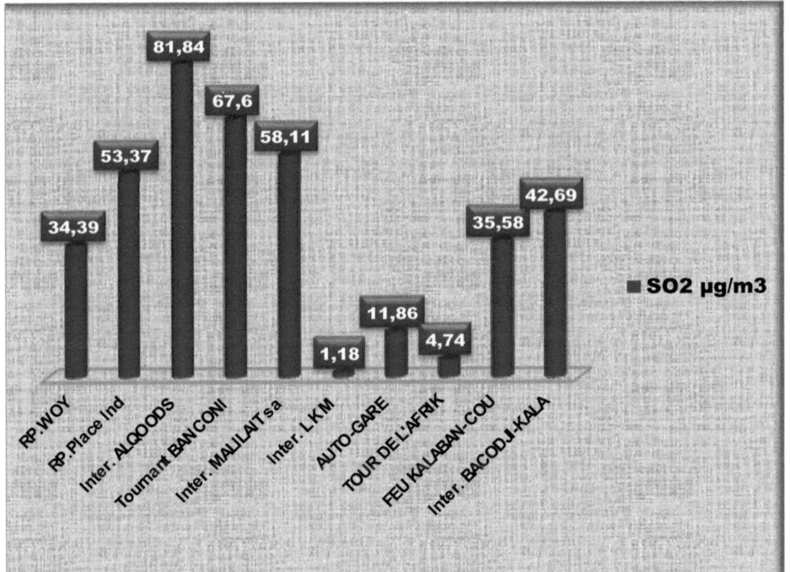


[3]**Fonte: inquéritos pessoais, 2022** *Norma da OMS: 40 µg/m durante 24 horas*

[2,333]Neste gráfico, no SO de 19 de janeiro de 2022, o cruzamento Alqoods (81,84µg/m ), a curva Banconi (67,6µg/m ), o cruzamento Malilait sa (58,11µg/m ), a rotunda Place de l'indépendance (53,[333] 37µg/m ), e o cruzamento Bacodjicoroni Kalabancoro (42,69µg/m ) registaram os valores mais elevados, excedendo a norma da OMS de 40µg/m durante 24 horas. Foram registados valores baixos nos outros locais de amostragem (quadro 18).

**Quadro 18: Situação do dióxido de azoto**

| Poluente<br><br>Sítios | NÃO$_2$<br>$^3$(em µg/m ) | Temperatura<br>(em °C) |
|---|---|---|
| Intersecção Lycée Kankou Moussa | 21,34 | 25 |
| Entrada da Autostação | 23,72 | 25 |
| Viagem a África | 11,86 | 28 |
| Intersecção do semáforo de Kalabancoura | 3,55 | 28 |
| Intersecção Bacodjicoroni Kalabancoro | **0** | 30 |
| Rotunda de Woyowayanko | 0 | 32 |
| Rotunda da Place de l'indépendance | 11,86 | 32 |
| Intersecção Alqoods | 0 | 34 |
| Volta de Banconi | 0 | 34 |
| Intersecção Malilait sa | 0 | 33 |

[3]**Fonte: inquéritos pessoais, 2022** *Norma da OMS: 25 µg/m durante 24 horas*

[2] [3]Neste quadro, durante o dia 19 de janeiro de 2022, a uma temperatura que varia entre 25 e 34°C, é muito claro que a entrada da auto-estação regista a maior concentração de NO com 23,72µg/m , [333]seguida do cruzamento do Lycée Kankou Moussa em Daoudabougou com 21,34µg/m , da Place de l'indépendance e da Tour de l'Afrique com 11,86µg/m , para cada local, e do cruzamento dos semáforos de Kalabancoura com 3,55µg/m . O poluente é nulo nos outros locais. [3]É importante notar que nenhum local registou uma concentração superior à norma da OMS fixada em 25 µg/m (gráfico 3).

**Gráfico 3: Estado do ozono**

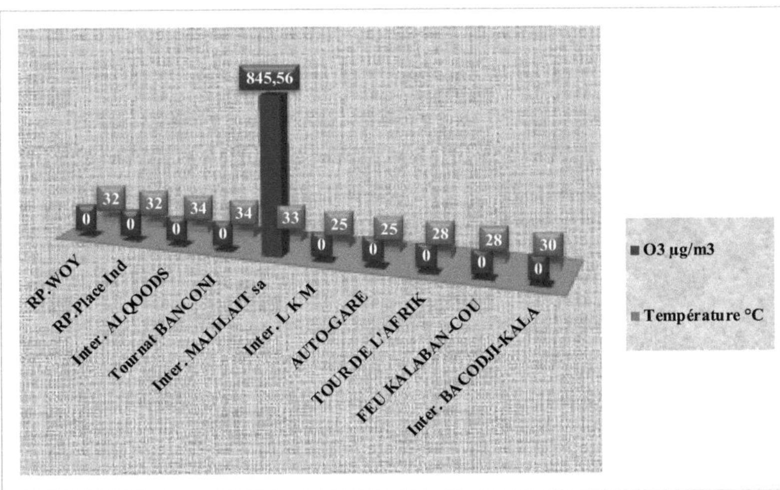


[3]**Fonte: inquéritos pessoais, 2022** *Norma da OMS: 100 µg/m durante 8 horas*

[3,333]Este gráfico explica por que razão O em 19 de janeiro de 2022, com temperaturas entre 25 e 33°C, permaneceu zero em todos os locais, exceto no cruzamento de Malilait sa, que registou 845,68 µg/m , excedendo a norma da OMS de 100 µg/m durante 8 horas ou 60 µg/m durante a estação alta.

## 3.5.2. Amostragem em 28 de abril de 2022 na margem direita do distrito de Bamako

### 3.5.2.1. Concentrações de poluentes nos diferentes locais

Durante o dia 28 de abril de 2022, nos diferentes locais de amostragem da margem direita, as concentrações de poluentes registadas mantiveram-se variadas e, em geral, muito elevadas, com um impacto considerável na qualidade do ar desta margem (mapa 3).

## Mapa 3: Diferentes concentrações de poluentes durante o dia 28 de abril de 2022 na margem direita do Distrito de Bamako

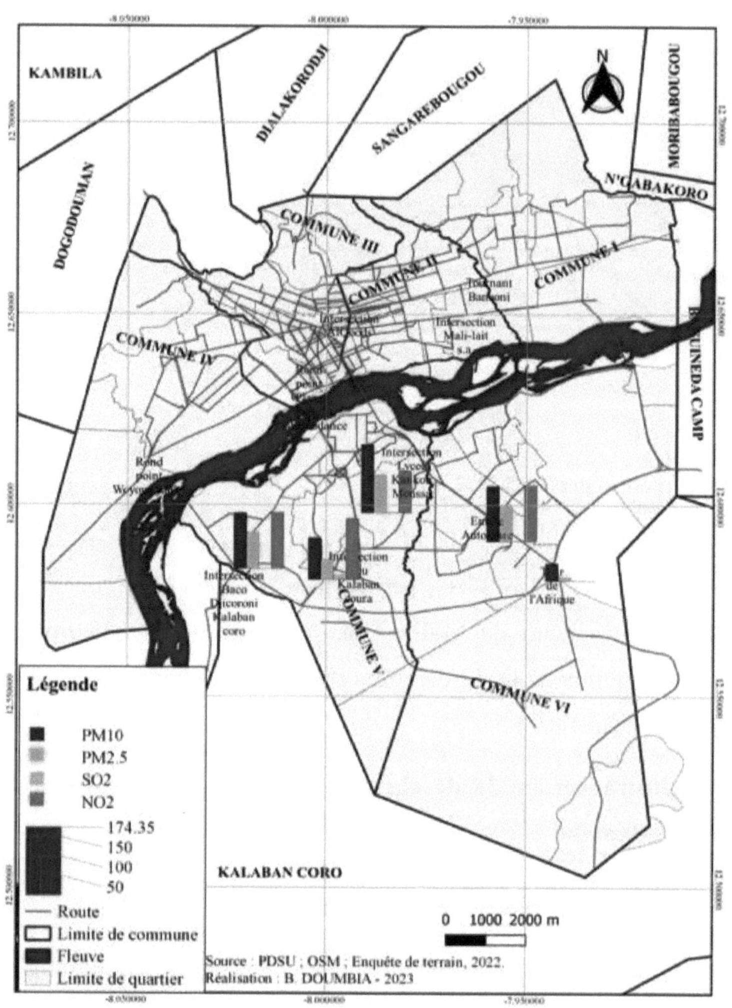

**Quadro 19: Concentrações de poluentes em 28 de abril de 2022 na margem direita do distrito de Bamako**

| Sítios /Poluentes | $PM_{10}$ $\mu g/m^3$ | $PM_{2.5}$ $\mu g/m^3$ | $N\tilde{A}O_2$ $\mu g/m^3$ | $SO_2$ $\mu g/m^3$ | $O_3$ $\mu g/m^3$ |
|---|---|---|---|---|---|
| Intersecção Lycée Kankou Moussa | 35,58 | 96,07 | 106,74 | 0 | 0 |
| Entrada da Autostação | 132,84 | 26,09 | 115,05 | 0 | 0 |
| Viagem a África | 49,81 | 17,79 | 91,32 | 0 | 0 |
| Cruzamento de semáforos de Kalabancoura | 106,74 | 51 | 155,37 | 11,860 | 0 |
| Intersecção Bacodjicoroni Kalabancoro | 170,79 | 32,02 | 142,33 | 0 | 0 |

**Fonte: inquéritos pessoais, 2022**

$_{10}{}^3{}_2{}^3{}_{2.5}{}^3{}_2{}_3$Olhando para o quadro, no cruzamento do Liceu Kankou Moussa em Daoudabougou, a uma temperatura de 30°C, é muito claro que PM registou os níveis mais elevados com 174,35 µg/m , seguido de NO com 106,74 µg/m , e PM com 96,07 µg/m , mas SO e O foram zero. $_{10,\,2.5\,2}$Assim, PM , PM e NO excedem a norma da OMS (foto 15).

**Foto 15: cruzamento do semáforo do Liceu Kankou Moussa em Daoudabougou, na Comuna V do Distrito de Bamako**

Esta fotografia, tirada em abril de 2022 às 11h20, mostra o cruzamento do semáforo do liceu Kankou Moussa em Daoudabougou, na Comuna V do distrito de Bamako. Neste local, não só se observa um tráfego intenso de autoestrada, mas também uma má manutenção das estradas. Esta intensidade elevada de tráfego de autoestrada explica-se pelo facto de este local ser utilizado por um certo número de habitantes locais, bem como por aldeões. As concentrações indexadas são : $_{102.52}$PM , PM e NO

.

$10^3$ $_2$ $^3_{2.5}{}^3$, $_2$ $_3$Esta tabela mostra que, quando as amostras foram recolhidas em 28 de abril de 2022 na entrada da auto-estação, a uma temperatura de 30°C, o poluente dominante foi PM com 132,84 µg/m seguido de NO com 115,05 µg/m , PM com 26,09µg/m mas SO e O foram zero. $_{10,\ 2.5}$ $_2$É importante notar que PM , PM e NO excedem a norma da OMS (foto 16).

**Foto 16: Entrada da estação de autocarros de Sogoniko na comuna VI do distrito de Bamako**

**Fonte: fotografia pessoal, abril de 2022**

Esta fotografia, tirada ao meio-dia de abril de 2022, mostra a entrada do terminal rodoviário de Sogoniko, na comuna VI do distrito de Bamako. Neste local, podemos ver uma grande intensidade de tráfego de autoestrada, mas para além disso, podemos ver o estado degradado da entrada da auto-estação de Sogoniko. Nesta fotografia, as concentrações indexadas são : $_{102.52}$PM , PM e NO .

$_2$ $^3_{10}$ $^3_{2.5}$$^3$Verifica-se igualmente que, aquando da recolha de amostras em 28 de abril de 2022 no Tour de l'Afrique em Faladjiè, a uma temperatura de 39°C, o NO é o principal poluente com 91,32 µg/m , seguido do PM com 43,88 µg/m e do PM com 17,79µg/m . $_{23}$Neste local, o SO e o O permanecem nulos. $_{2102.5}$NO , PM e PM ultrapassam portanto a norma OMS, apesar do tempo muito quente (foto 17).

**Foto 17: Rotunda Tour de l'Afrique na comuna VI do distrito de Bamako**

**Fonte: fotografia pessoal, abril de 2022**

Esta fotografia, tirada na tarde de 28 de abril de 2022, mostra o Tour de l'Afrique em Faladjiè, na Comuna V do distrito de Bamako. Neste local, nota-se uma fraca intensidade de tráfego de autoestrada, apesar da sua posição de cruzamento. $_{10}$A concentração indexada é PM .

$_2{}^3{}_{10}{}^3{}_{2.5}{}^3$Este quadro mostra igualmente que, durante a amostragem de 28 de abril de 2022 no cruzamento do semáforo de Kalabancoura, a uma temperatura de 39°C, o NO foi o poluente dominante com 155,37 µg/m , seguido do PM com 106,74 µg/m e do PM com 51µg/m . $_2{}^3{}_3$ No entanto, neste local, o SO mantém-se baixo, com 11,86 µg/m , e o O é nulo. $_{10,\,2.5}{}_2$É de notar que PM , PM e NO excedem a norma da OMS.

$_{10}{}^3{}_2{}^3{}_{2.5}{}^3$Mostra também que, durante a amostragem de 28 de abril de 2022 na intersecção Kalabancoro Bacodjicoroni, a uma temperatura de 30°C, o PM manteve a concentração mais elevada, com 170,79 µg/m , seguido do NO , com 142,33µg/m , e do PM com 32,02 µg/m . $_{23}$Durante este período de amostragem, SO e O foram nulos. $_{10,\,22.5}$ Verifica-se, portanto, que PM , NO e PM excedem a norma da OMS.

### 3.5.2.2. Estado dos diferentes poluentes durante o dia 28 de abril de 2022 na margem direita do distrito de Bamako

As amostras colhidas na margem direita do distrito de Bamako em 28 de abril de 2022 revelaram níveis muito baixos de poluentes na maioria dos locais (Gráfico 4).

**Gráfico 4: Situação do dióxido de enxofre**

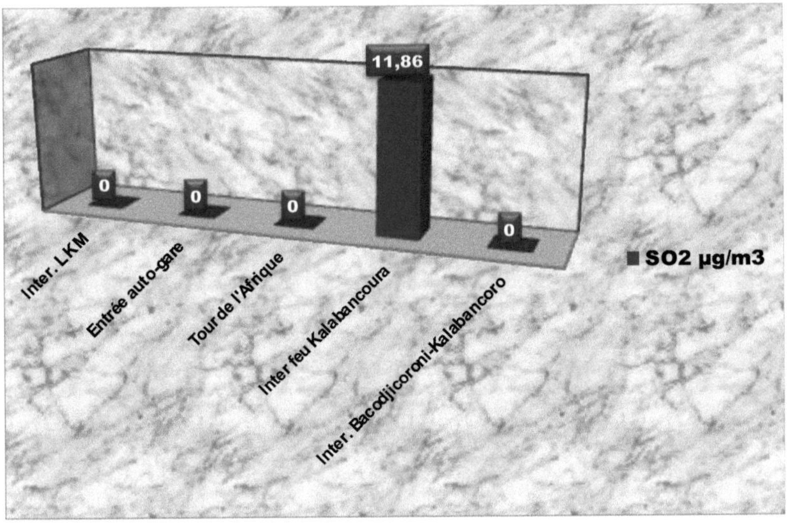


[3]**Fonte: inquéritos pessoais, 2022** *Norma da OMS: 40 µg/m durante 24 horas*

O gráfico mostra que apenas a margem direita foi objeto de amostragem. $_{2,}$[3]Verifica-se que o SO em 28 de abril de 2022, no semáforo de Kalabancoura, atingiu 11,86µg/m . Nos outros locais, o poluente mantém-se nulo. $_2$O SO não ultrapassa a norma OMS em nenhum dos locais (gráfico 5).

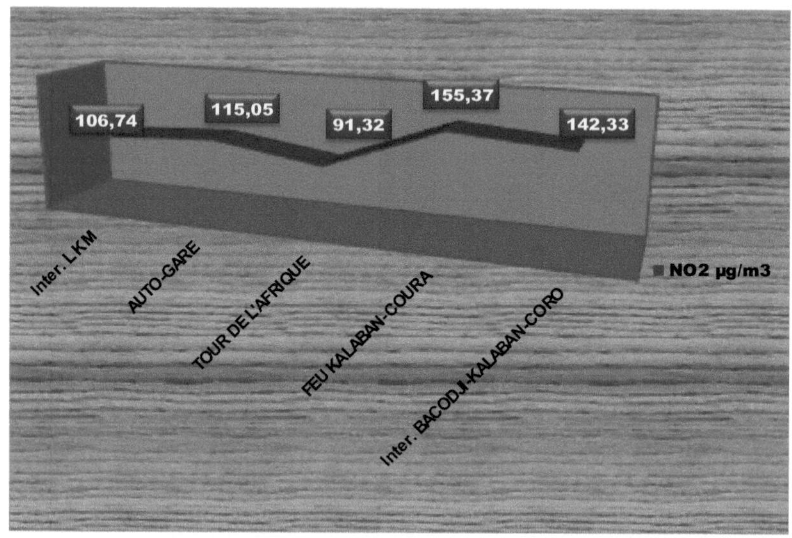


[3]**Fonte: inquéritos pessoais, 2022** *Norma da OMS: 25 µg/m durante 24 horas*

O gráfico mostra que apenas a margem direita foi objeto de amostragem. [2,3]O NO em 28 de abril de 2022, em todos os locais, excedeu a norma da OMS fixada em 25µg/m .durante 24 horas. [2,3] O farol de Kalabancoura registou a concentração de NO mais elevada, com 155,37µg/m (gráfico 6).

**Gráfico 6: PM<sub>10</sub>**

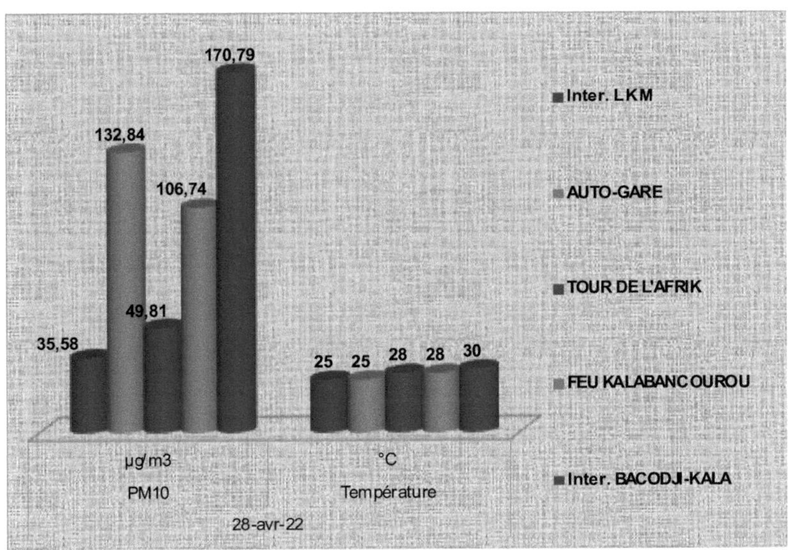


[3]**Fonte: inquéritos pessoais, 2022** *Norma da OMS: 45 µg/m durante 24 horas*

O gráfico 18 mostra que apenas a margem direita foi objeto de amostragem. $_{10,}$[3333]Em 28 de abril de 2022, as PM no cruzamento Bacodjicoroni-Kalabancoro (174,35µg/m ), no cruzamento com o semáforo de Kalabancoura (106,74µg/m ), na entrada da estação de serviço (140,79µg/m ) e no Tour de l'Afrique (49,81µg/m ) excederam a norma da OMS. [3] Apenas a amostra recolhida no cruzamento Lycée Kankou Moussa é baixa, com 35,58µg/m (gráfico 7).

Figura 7: $PM_{2.5}$

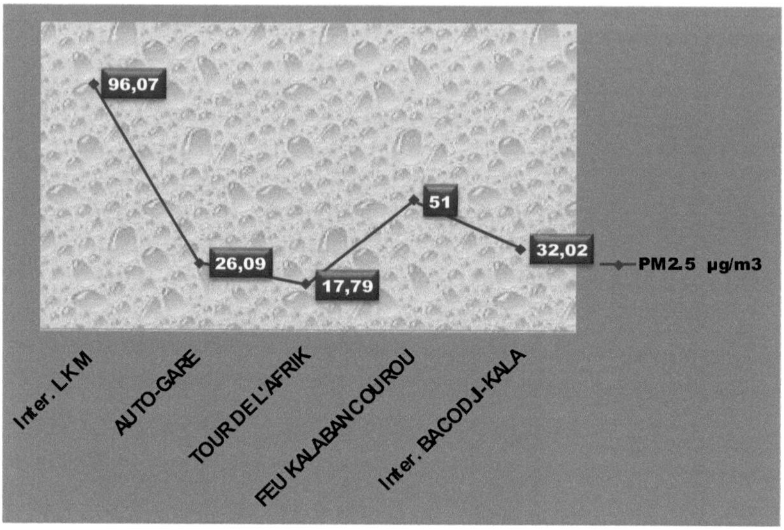

[3]**Fonte: inquéritos pessoais, 2022** *Norma da OMS: 15 µg/m durante 24 horas*

O gráfico mostra que apenas a margem direita do distrito de Bamako foi objeto de amostragem. $_{2.5}$[3]Em 28 de abril de 2022, as PM ultrapassaram a norma da OMS fixada em 15µg/m durante 24 horas. [3]A concentração mais elevada foi registada no cruzamento Lycée Kankou Moussa, com 96,07µg/m .

### 3.5.3. Amostragem em 10 de maio de 2022 na margem esquerda do distrito de Bamako

### 3.5.3.1. Concentrações de poluentes nos diferentes locais

Durante o dia 10 de maio de 2022, nos locais da margem esquerda do distrito de Bamako, as concentrações de poluentes eram baixas, mas não negligenciáveis em alguns locais (Mapa 4).

**Mapa 4: Concentração de vários poluentes durante o dia 10 de maio de 2022 na margem esquerda do Distrito de Bamako**

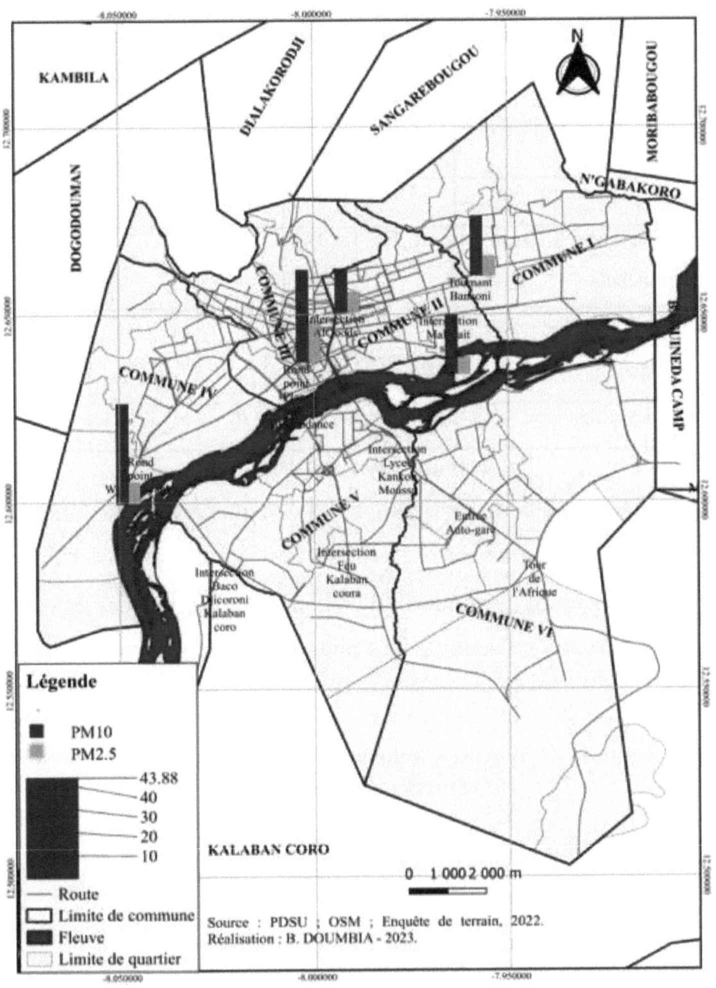

**Quadro 20: Concentração de poluentes durante o dia 10 de maio de 2022 na margem esquerda do distrito de Bamako**

| Locais /Poluentes | PM$_{10}$ µg/m$^3$ | PM$_{2.5}$ µg/m$^3$ | NÃO$_2$ µg/m$^3$ | SO$_2$ µg/m$^3$ | O$_3$ µg/m$^3$ |
|---|---|---|---|---|---|
| Rotunda de Woyowayanko | 43,88 | 9,48 | 0 | 0 | 0 |
| Ponto de referência do local de independência | 40,32 | 17,79 | 0 | 0 | 0 |
| Intersecção Alqoods | 17,79 | 8,3 | 0 | 0 | 0 |
| Volta de Banconi | 26,09 | 8,30 | 0 | 0 | 0 |
| Intersecção Malilait sa | 26,09 | 7,11 | 0 | 0 | 0 |

**Fonte: inquéritos pessoais, 2022**

10 $^3$2.5$^3$Neste quadro, na rotunda de Woyowayanko, durante a amostragem de 10 de maio de 2022, a uma temperatura de 36,6°C, o PM só atingiu 43,88 µg/m , seguido do PM com 9,48 µg/m , mas os outros poluentes foram nulos. Nenhum dos poluentes ultrapassou a norma da OMS (foto 18).

**Foto 18: Rotunda de Woyowayanko em Djicoroni-para na Comuna IV do Distrito de Bamako**

Esta fotografia, tirada em maio de 2022 às 11h00, mostra a rotunda de Woyowayanko, na Comuna IV do Distrito de Bamako. O tráfego da autoestrada é muito reduzido neste local. Além disso, as estradas estão mal limpas. Esta baixa intensidade pode ser explicada pelo facto de, a esta hora do dia, alguns habitantes de vários distritos e aldeias passarem por este local, e o momento em que se constata que as pessoas regressaram aos seus locais de trabalho.

$_{10}{}^{3}{}_{2.5}{}^{3}{}_{223}$Durante a amostragem de 10 de maio de 2022 na rotunda da Place de l'Indépendance, a uma temperatura de 36,6°C, o PM atingiu 40,32µg/m , seguido do PM com 17,79µg/m , enquanto SO , NO e O foram nulos. $_{2.5}$ Note-se que apenas o PM ultrapassa a norma da OMS neste local (foto 19).

**Foto 19: Rotunda da Place de l'indépendance em Bamakocoura, comuna III, distrito de Bamako**

Fonte: fotografia pessoal, 2022

Nesta fotografia tirada em maio de 2022 às 11h00, pode ver-se a rotunda da Praça da Independência. O tráfego da autoestrada neste local é fraco. A concentração indexada é: $PM_{2,5}$.

$PM_{10}^{3}{}_{2,5}^{3}$ O quadro mostra igualmente que, quando as amostras foram recolhidas em 10 de maio de 2022 no cruzamento de Alqoods, a uma temperatura de 37,3°C, as PM atingiram 17,79µg/m$^3$, seguidas das PM com 8,3µg/m$^3$. $SO_2$, $NO_2$ e $O_3$ permaneceram nulos. Nenhum poluente neste local ultrapassa a norma da OMS.

$PM_{10}^{3}{}_{2,5}^{3}$ Em 10 de maio de 2022, no desvio de Banconi, com uma temperatura de 38°C, o PM foi o mais elevado com 26,09 µg/m$^3$, seguido do PM com 8,3 µg/m$^3$. Os valores de $SO_2$, $NO_2$ e $O_3$ são nulos neste local. Nenhum poluente ultrapassa portanto a norma OMS (foto 20).

**Foto 20: Curva de Banconi via Koulikoro na Comuna I do Distrito de Bamako**

**Fonte: fotografia pessoal, 2022**

Esta fotografia mostra a curva de Banconi ao meio-dia. Há muito pouco tráfego na autoestrada neste local.

10 [3]2.5[3]223A tabela mostra igualmente que, quando as amostras foram recolhidas em 10 de maio de 2022 no cruzamento de Malilait sa, a uma temperatura de 39°C, o PM atingiu 26,09μg/m , seguido do PM com 7,11vμg/m , mas SO , NO e O foram nulos no local. É de notar que nenhum poluente excede a norma da OMS neste local.

### 3.5.3.2. Estado dos diferentes poluentes durante o dia 10 de maio de 2022 na margem esquerda do distrito de Bamako

10 A PM registada em 10 de maio de 2022 foi inferior, mas ainda assim significativa. O seu impacto na qualidade do ar é, por conseguinte, reduzido (gráfico 8).

**Figura 8: PM$_{10}$**

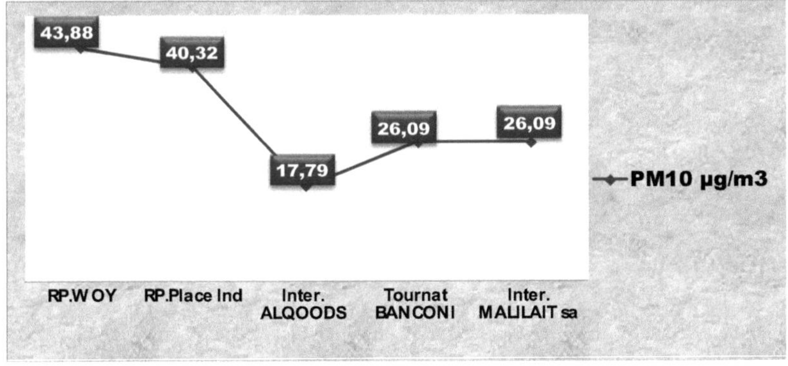


[3]**Fonte: inquéritos pessoais, 2022** *Norma da OMS: 45 µg/m durante 24 horas*

O gráfico mostra que apenas a margem esquerda do distrito de Bamako foi objeto de amostragem. 10,[33]A PM em 10 de maio de 2022, na rotunda de Woyowayanko, atingiu 43,88μg/m , seguida da Place de l'indépendance com 40,32μg/m . [3]10. 10 [3]No cruzamento de Malilait sa e na curva de Banconi, foram registados 26,09μg/m de PM Finalmente, a

PM no cruzamento de Alqoods atingiu 17,79μg/m . [10] É importante notar que a PM está presente em todos os locais e não excede a norma da OMS (gráfico 9).

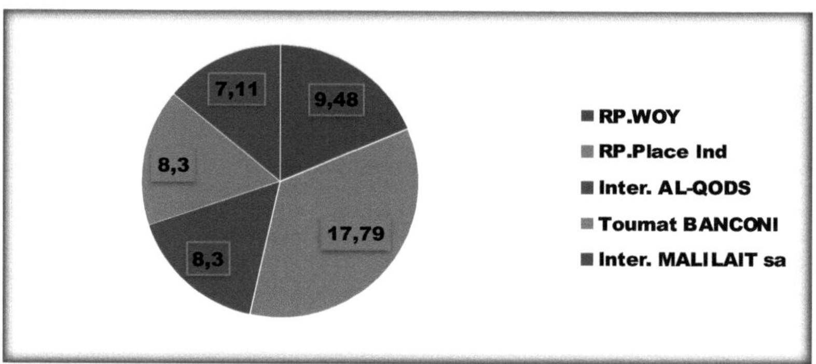

**Figura 9: PM$_{2.5}$**

[3]**Fonte: inquéritos pessoais, 2022** *Norma da OMS: 15 μg/m durante 24 horas*

Neste gráfico, as amostras foram recolhidas na margem esquerda do distrito de Bamako. $_{2.5}$[33]A PM em 10 de maio de 2022 na Place de l'Independence atingiu 17,79 μg/m , seguida de 9,48 μg/m na rotunda de Woyowayanko. $_{2.5}$[3]Na curva de Banconi e no cruzamento de Alqoods, a PM atingiu 8,3 μg/m para cada local. $_{2.5}$[3]Finalmente, a PM na intersecção Malilait sa é baixa, com 7,11 μg/m . $_{2.5}$ A PM está presente em todos os locais, mas apenas na Place de l'Independence excede a norma da OMS (quadro 21).

**Quadro 21: Situação do dióxido de azoto**

| Data | 10 de maio de 2022 | |
|---|---|---|
| Poluente | NÃO$_2$ [3](em μg/m ) | Temperatura (em °C) |
| Sítios | | |
| Rotunda. Woyowayanko | 0 | 36,6 |

| Ponto de referência local de independência | 0 | 37,2 |
| Intersecção Alqoods | 0 | 37,3 |
| Volta do Banconi | 0 | 38 |
| Intersecção Malilait sa | 0 | 39 |

[3]**Fonte: inquéritos pessoais, 2022** *Norma da OMS: 25 µg/m durante 24 horas*

Este quadro mostra que, apesar da variação de temperatura, o dióxido de azoto manteve-se nulo durante todo o período de amostragem (quadro 22).

**Quadro 22: Situação do dióxido de enxofre**

| Data | 10-maio-22 | |
|---|---|---|
| **Poluente** | $SO_2$ | **Temperatura** |
| **Sítios** | [3]**(em µg/m )** | **(em °C)** |
| Rotunda. Woyowayanko | 0 | 36,6 |
| Ponto de referência local de independência | 0 | 37,2 |
| Intersecção Alqoods | 0 | 37,3 |
| Volta do Banconi | 0 | 38 |
| Inter. Malilait sa | 0 | 39 |

[3]**Fonte: inquéritos pessoais, 2022** *Norma da OMS: 40 µg/m durante 24 horas*

Esta tabela mostra que, apesar da variação de temperatura, o dióxido de enxofre foi zero durante todos os períodos de amostragem (tabela 23).

**Quadro 23: Estado do ozono**

| Data | 10 de maio de 2022 | |
|---|---|---|
| Poluente | O$_3$ | Temperatura |
| Sítios | $^3$(em µg/m ) | (em °C) |
| Rotunda. Woyowayanko | 0 | 36,6 |
| Ponto de referência local de independência | 0 | 37,2 |
| Intersecção Alqoods | 0 | 37,3 |
| Volta de Banconi | 0 | 38 |
| Intersecção Malilait sa | 0 | 39 |

$^3$**Fonte: inquéritos pessoais, 2022** *Norma da OMS: 100 µg/m durante 8 horas*

Este quadro mostra que, apesar da variação da temperatura, o ozono permaneceu nulo durante todo o período de amostragem.

### 3.5.4. Amostragem a 8 de agosto de 2022 nas duas margens do distrito de Bamako

### 3.5.4.1. Concentrações de poluentes nos diferentes locais

Durante o dia 8 de agosto de 2022, as concentrações de poluentes registadas nos diferentes locais de amostragem do distrito de Bamako foram significativas (Mapa 5).

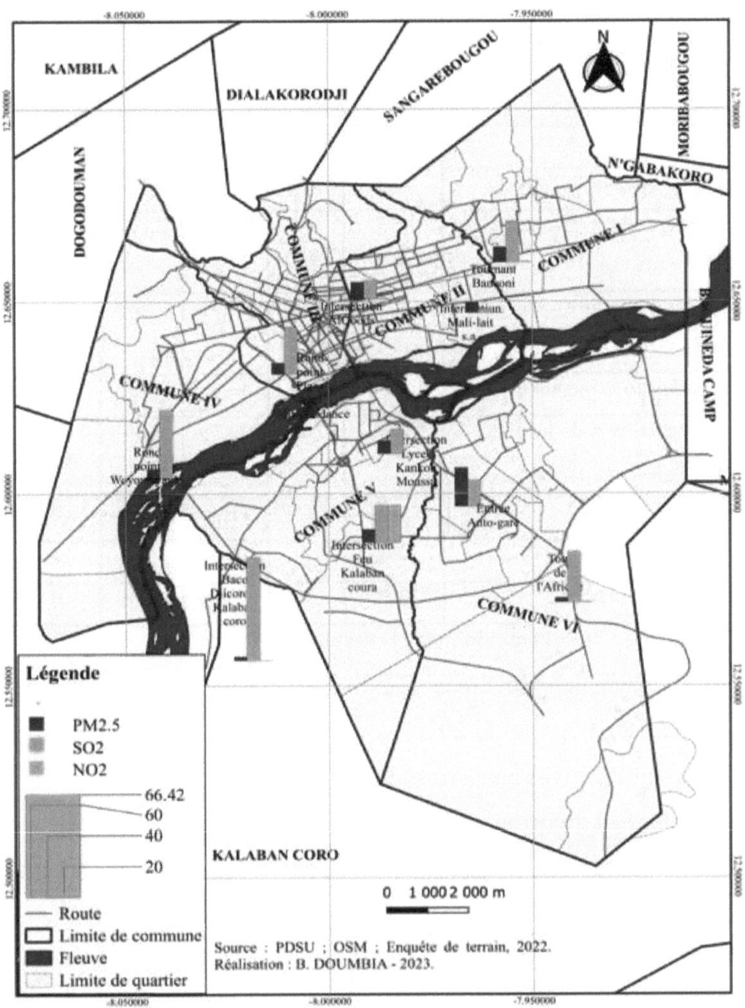



Quadro 24: Concentrações de poluentes durante o dia 8 de agosto de
2022 nas duas margens do distrito de Bamako

153

| Locais /Poluentes | $PM_{10}$ µg/m³ | $PM_{2.5}$ µg/m³ | $NÃO_2$ µg/m³ | $SO_2$ µg/m³ | $O_3$ µg/m³ |
|---|---|---|---|---|---|
| Intersecção Lycée Kankou Moussa | 18,97 | 8,30 | 15,41 | 0 | 0 |
| Entrada da Autostação | 77,09 | 24,90 | 16,60 | 0 | 0 |
| Viagem a África | 7,11 | 2,37 | 32,02 | 0 | 0 |
| Intersecção do semáforo de Kalabancoura | 45,07 | 8,3 | 52,18 | 23,72 | 0 |
| Intersecção Bacodjicoroni Kalabancoro | 8,3 | 2,37 | 66,42 | 0 | 0 |
| Rotunda de Woyowayanko | 11,86 | 5,93 | 43,88 | 0 | 0 |
| Ponto de referência do local de independência | 16,60 | 7,11 | 30,38 | 0 | 0 |
| Intersecção Alqoods | 29,65 | 10,67 | 11,86 | 0 | 0 |
| Volta de Banconi | 30,83 | 9,48 | 26,09 | 0 | 0 |
| Intersecção Malilait sa | 18,97 | 7,11 | 2,37 | 0 | 0 |

**Fonte: inquéritos pessoais, 2022**

No cruzamento do Liceu Kankou Moussa em Daoudabougou, durante o dia 8 de agosto de 2022, as concentrações de poluentes eram variadas e significativas em certos locais. $_{10}^3 2^3 2.5^3$Observando o quadro acima, as amostras recolhidas no dia 8 de agosto de 2022 no cruzamento do Lycée Kankou Moussa em Daoudabougou, a uma temperatura de 27°C, verifica-se que o poluente dominante é PM com 18,97µg/m , seguido deNO com 15,41µg/m , depois PM com 8,30µg/m . $_{23}$ Por fim, o SO e o O permanecem nulos. Neste local, nenhum poluente ultrapassa a norma OMS (foto 21).

**Foto 21: cruzamento do semáforo do Liceu Kankou Moussa em Daoudabougou, na Comuna V do Distrito de Bamako**

**Fonte: fotografia pessoal, agosto de 2022**

Nesta fotografia tirada em agosto de 2022, às 11 horas, podem ver-se os semáforos no cruzamento Lycée Kankou Moussa, em Daoudabougou. Neste local, vemos não só o tráfego intenso da autoestrada, mas também a má manutenção das estradas. Nesta imagem, as concentrações indexadas são : $_{10}$ $_{2.5}$PM e PM .

$_{10}{}^3{}_{2.5}{}^3$ $_2{}^3$Este quadro mostra que quando as amostras foram recolhidas em 8 de agosto de 2022 à entrada da auto-estação, a uma temperatura de 27°C, o PM dominou com 77,09 µg/m , seguido do PM com 24,90 µg/m e do NO com 16,60 µg/m . $_2$ $_2$No entanto, o SO e o O mantiveram-se a zero. $_{10,}$ $_{2.5}$ $_2$Por conseguinte, é importante notar que o PM e o PM excedem a norma da OMS e o NO excede a norma da OMS.

$_2{}^3{}_{10}{}^3$ $_{2.5}{}^3$No Tour de l'Afrique em Faladjiè, a uma temperatura de 27°C, o NO dominou com 32,02 µg/m , seguido do PM com 7,11 µg/m e do PM com 2,37 µg/m . ₂₃No entanto, SO e O são nulos. ₂O NO é portanto o único poluente que ultrapassa a norma OMS neste local.

₂³O quadro mostra igualmente que durante a amostragem de 8 de agosto de 2022, na intersecção do semáforo de Kalabancoura, a uma temperatura de 27°C, o SO atingiu 52,18µg/m . ₁₀³₂ ³É o poluente dominante, seguido do PM com 45,07µg/m , e do NO com 23,72µg/m . ₂.₅³₃ Neste local, o PM registou apenas 8,3 µg/m , enquanto o O foi zero. ₁₀,₂O PM e o SO excedem a norma da OMS (foto 22).

**Foto 22: Cruzamento de semáforos de Kalabancoura**

**Fonte: fotografia pessoal, agosto de 2022**

Nesta fotografia tirada na tarde de agosto de 2022, podemos ver o cruzamento do semáforo de Kalabancoura. O volume de tráfego da autoestrada é elevado neste local. Esta intensidade elevada de tráfego de autoestrada explica-se pelo facto de este local ser um cruzamento onde várias estradas conduzem a bairros. As concentrações aqui indexadas são : ₁₀₂PM e SO .

$_2^3{}_{10}^3{}_{2.5}^3$A análise desta tabela mostra que durante a amostragem de 08 de agosto de 2022 na intersecção Kalabancoro-Bacodjicoroni, a uma temperatura de 29°C, SO , com 66,42µg/m , foi o poluente dominante, seguido de PM com 8,3µg/m , e PM com 2,37µg/m . $_{23}$ No entanto, o NO e o O mantiveram-se a zero. $_2$ O SO excede a norma da OMS de 40 µg/m³·

$_2$ $^3{}_{10}^3{}_{2.5}$ $^3{}_{23}$Na quarta-feira, 8 de agosto de 2022, no local de Woyowayanko, a uma temperatura de 27°C, o SO registado atingiu 43,88µg/m , seguido de PM com 11,86µg/m e PM com 5,93µg/m . Enquanto o NO e o O permaneceram nulos no local. $_2$Assim, apenas o SO excede a norma da OMS (foto 23).

**Foto 23: Rotunda de Woyowayanko em Djicoroni-para na Comuna IV do Distrito de Bamako**

**Fonte: fotografia pessoal, agosto de 2022**

Nesta fotografia tirada na tarde de agosto de 2022, podemos ver a rotunda de Woyowayanko, com uma intensidade média de tráfego de autoestrada, o que pode ser explicado pelo facto de se tratar de um cruzamento que é agora uma necessidade para chegar a certos bairros e mesmo para viajar. $_2$A concentração indexada é: SO .

$_2$ $^3_{10}{}^3{}_{2.5}{}^3{}_{23}$ O quadro mostra que na rotunda da Praça da Independência, a uma temperatura de 27°C, o SO é o mais elevado com 30,83μg/m , seguido do PM com 16,60μg/m e do PM com 7,11μg/m , enquanto o NO e o O permanecem nulos. Neste local, nenhum poluente ultrapassa a norma OMS (foto 24).

**Foto 24: Rotunda da Place de l'indépendance em Bamakocoura, comuna III do distrito de Bamako**

**Fonte: fotografia pessoal, agosto de 2022**

Nesta fotografia tirada na tarde de agosto de 2022, pode ver-se a rotunda da Place de l'Indépendance. Neste local, podemos observar uma elevada intensidade de tráfego de autoestrada, o que pode ser explicado pelo facto de estarmos perto da descida, mas também de um cruzamento que é muito mais utilizado pelos transportes públicos. $_2$A concentração indexada é: SO .

$_{10}{}^3{}_2{}^3{}_{2.5}{}^3$Nesta tabela, na intersecção Alqoods, a uma temperatura de 27°C, o PM atinge 29,65 µg/m , seguido do SO com 11,86 µg/m e do PM com 10,65 µg/m . $_{23}$No entanto, neste local, o NO e o O são nulos. Nenhum poluente ultrapassa a norma da OMS (foto 25).

**Foto 25: Cruzamento de Alqoods na Comuna II do Distrito de Bamako**

**Fonte: fotografia pessoal, janeiro de 2022.**

Nesta fotografia tirada na tarde de janeiro de 2022, podemos ver o cruzamento de Alqoods, no centro da cidade do distrito de Bamako. Neste local, o tráfego de autoestrada é muito intenso. Este elevado volume de tráfego de autoestrada pode ser explicado pelo facto de este local albergar o maior mercado do Distrito. Trata-se, por conseguinte, de uma encruzilhada e de um centro de comércio.

10 $^3_2{}^3_2$. 5 [3]Neste quadro, no desvio de Banconi, as amostras recolhidas em 8 de agosto de 2022, a uma temperatura de 27°C, mostram que o PM domina com 30,83 μg/m , seguido respetivamente do SO com 26,09 μg/m e do PM com 9,48 μg/m . [2][3]O NO e o O são nulos. É de notar que nenhum dos poluentes ultrapassa a norma da OMS.

10 $^3_{2.5}{}^3_2{}^3_{23}$ Finalmente, este quadro mostra que durante a amostragem de 8 de agosto de 2022 na intersecção Malilait sa, a uma temperatura de 27°C, o PM dominou com 18,97 μg/m , seguido do PM com 7,11 μg/m , depois o SO com 2,37μg/m . No entanto, o NO e o O permaneceram nulos. Nenhum poluente ultrapassou a norma OMS neste local.

### 3.5.4.2. Estado dos diferentes poluentes durante o dia 8 de agosto de 2022 nas duas margens do distrito de Bamako

Durante o dia 8 de agosto de 2022, nos vários locais de amostragem no distrito de Bamako, os poluentes eram muito baixos em todos os locais com o menor impacto na qualidade do ar (gráfico 10).

**Figura 10: PM$_{10}$**

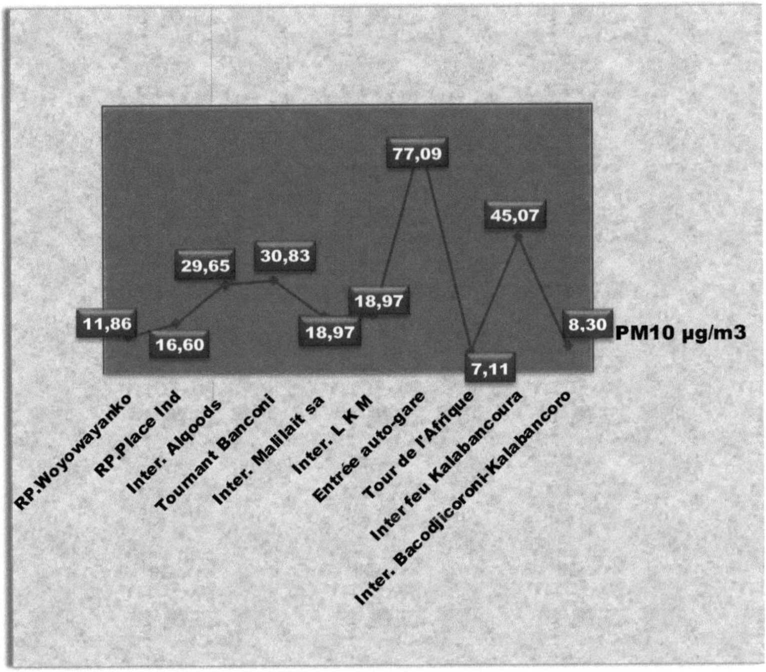

[3]**Fonte: inquéritos pessoais, 2022** *Norma da OMS: 45 µg/m durante 24 horas*

$_{10,}$[33]Neste gráfico, a PM de 8 de agosto de 2022, à entrada da auto-estação, continua a ser dominante com 77,09 µg/m , seguida dos locais dos semáforos de Kalabancoura com 45,07 µg/m . [333]Valores abaixo da norma OMS são registados na curva de Banconi com 30,83 µg/m , no cruzamento de Alqoods com 29,65 µg/m , no cruzamento de Malilait sa com 18,97µg/m , na Praça da Independência 16,[33333] 60 µg/m , na rotunda de Woyowayanko com 11,86 µg/m , no cruzamento Lycée Kankou Moussa com 11,97µg/m , na Tour de l'Afrique com 11,86µg/m e, por fim, na Tour de l'Afrique com 7,11µg/m (gráfico 11).

Figura 11: PM$_{2.5}$

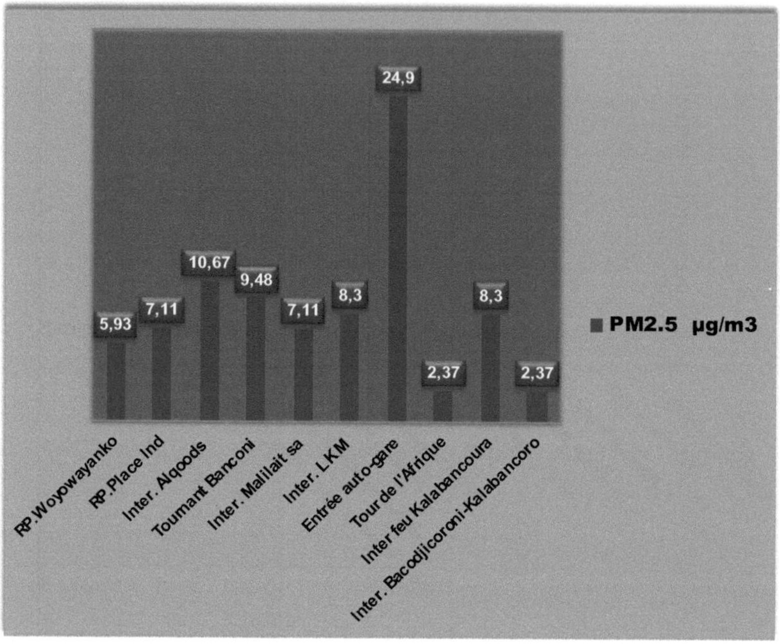

[3]**Fonte: inquéritos pessoais, 2022** *Norma da OMS: 15 µg/m durante 24 horas*

$_{2.5}$ [3]O gráfico mostra que, durante a amostragem de 8 de agosto de 2022, à entrada do terminal rodoviário, foi registado o valor mais elevado de PM de 24,9 µg/m, excedendo a norma da OMS. Os outros locais registaram valores abaixo da norma da OMS (quadro 25).

**Quadro 25: Situação do dióxido de azoto**

| Poluente | NÃO$_2$ | Temperatur |
|---|---|---|
|  | [3](em µg/m ) | a |
| Sítios |  | (em °C) |

162

| | | |
|---|---|---|
| Intersecção Lycée Kankou Moussa | 15,41 | 27 |
| Entrada da estação ferroviária de Sogoniko | 16,60 | 27 |
| Viagem a África | 32,02 | 27 |
| Cruzamento de semáforos de Kalabancoura | 52,18 | 28 |
| Cruzamento Bacodjicoroni-Kalabancoro | 66,42 | 29 |
| Rotunda de Woyowayanko | 43,88 | 30 |
| Ponto de referência do local de independência | 30,83 | 30 |
| Intersecção Alqoods | 11,86 | 31 |
| Volta de Banconi | 26,09 | 31 |
| Intersecção Malilait sa | 2,37 | 28 |

[3]**Fonte; inquéritos pessoais, 2022** *Norma da OMS: 25 µg/m durante 24 horas*

[2]Na tabela 24, o NO , no dia 8 de agosto de 2022, nos vários locais de amostragem com temperaturas que variam entre 27 e 31°C, mostra concentrações que variam de um local para outro. [333]É muito claro que a intersecção Bacodjicoroni-Kalabancoro, com 66,42µg/m , a intersecção do semáforo de Kalabancoura, com 52,18µg/m , e a rotunda de Woyowayanko, com 43,88µg/m , [3333]bem como a Tour de l'Afrique, com 32,02µg/m , a place de l'indépendance, com 30,83µg/m , e a curva de Banconi, com 26,09µg/m , registam concentrações superiores à norma da OMS, fixada em 25µg/m . Os valores mais baixos foram registados nos outros locais. [3][2][3] A intersecção Bacodjicoroni-Kalabancoro com 66,42µg/m regista a concentração mais elevada de NO e a mais baixa na intersecção Malilait sa com 2,37µg/m (tabela 26).

**Quadro 26: Situação do dióxido de enxofre**

| Poluente / Sítios | $SO_2$ [3](em µg/m) | Temperatura (em °C) |
|---|---|---|
| Intersecção Lycée Kankou Moussa | 0 | 27 |
| Entrada da estação ferroviária de Sogoniko | 0 | 27 |
| Viagem a África | 0 | 27 |
| Intersecção do semáforo de Kalabancoura | 23,72 | 28 |
| Cruzamento Bacodjicoroni-Kalabancoro | 0 | 29 |
| Rotunda. Woyowayanko | 0 | 30 |
| Ponto de referência do local de independência | 0 | 30 |
| Intersecção Alqoods | 0 | 31 |
| Volta do Banconi | 0 | 31 |
| Inter. Malilait sa | 0 | 28 |

[3]**Fonte; inquéritos pessoais, 2022** *Norma da OMS: 40 µg/m durante 24 horas*

A tabela 24 mostra que foram recolhidas amostras em ambas as margens do distrito de Bamako. [2,3]Pode ver-se que o SO em 8 de agosto de 2022, no local do incêndio de Kalabancoura, atingiu 23,72µg/m , mas foi zero nos outros locais (quadro 27).

**Quadro 27: Situação do ozono**

| Poluente / Sítios | $O_3$ [3](em µg/m ) | Temperatura (em °C) |
|---|---|---|
| Intersecção Lycée Kankou Moussa | 0 | 27 |
| Entrada da estação ferroviária de Sogoniko | 0 | 27 |
| Viagem a África | 0 | 27 |
| Intersecção do semáforo de Kalabancoura | 0 | 28 |
| Cruzamento Bacodjicoroni-Kalabancoro | 0 | 29 |

| Rotunda. Woyowayanko | 0 | 30 |
|---|---|---|
| Ponto de referência do local de independência | 0 | 30 |
| Intersecção Alqoods | 0 | 31 |
| Volta de Banconi | 0 | 31 |
| Intersecção Malilait sa | 0 | 28 |

[3]**Fonte: inquéritos pessoais, 2022** *Norma da OMS: 60 µg/m durante 8 horas*

A Tabela 26 mostra que, apesar da variação de temperatura, o poluente é zero em todos os meses amostrados.

### 3.5.5. Tendências dos poluentes durante os diferentes períodos de amostragem

### 3.5.5.1. Tendências dos poluentes na intersecção Lycée Kankou Moussa

No cruzamento do liceu de Kankou Moussa, durante os diferentes períodos de recolha de amostras de ar, os poluentes recolhidos não sofreram grandes alterações, embora as concentrações tenham permanecido significativas (quadro 28).

**Quadro 28: Tendências dos poluentes**

| Datas | [3]Poluentes (em µg/m ) | | | | |
|---|---|---|---|---|---|
| | PM$_{10}$ | PM$_{2.5}$ | NÃO$_2$ | SO$_2$ | O$_3$ |
| 19 de janeiro de 2022 | 35,58 | 11,86 | 21,34 | 1,18 | 0 |
| 28 de abril de 2022 | 174,35 | 96,07 | 106,74 | 0 | 0 |
| 08 de agosto de 2022 | 18,98 | 8,30 | 0 | 0 | 0 |

**Fonte: inquéritos pessoais, 2022**

Neste quadro, os poluentes mudam de um período para o outro:

$_2^3$O valor S0 para 8 de agosto de 2022 atingiu 1,18 µg/m a uma temperatura de 25°C, mas foi zero em abril e agosto, apesar da variação da temperatura.

$_2^3$N0 , em 28 de abril de 2022, foi o mais elevado, com 106,74µg/m a uma temperatura de 30°C. [3]Baixou em 19 de janeiro de 2022, atingindo 21,34µg/m a 25°C. No entanto, manteve-se nulo em 8 de agosto de 2022, a 27°C.

$_{10}^3{}_{10}^{33}$A PM , em 28 de abril de 2022, foi a mais elevada com 174,35µg/m a uma temperatura de 30°C, seguida da PM , em 19 de janeiro de 2022, com 35,58µg/m a uma temperatura de 25°C, e finalmente a PM , em 8 de agosto de 2022, com 18,98µg/m a uma temperatura de 27°C.

$_{2.5,}^3{}_{2.5,}$ [33]Verifica-se que a PM de 28 de abril de 2022 é a mais elevada com 96,07µg/m a uma temperatura de 30°C, seguida da PM de 19 de janeiro de 2022 com 11,86µg/m a uma temperatura de 25°C e, finalmente, a PM de 8 de agosto de 2022 com 8,30µg/m a uma temperatura de 27°C.

Apesar da variação de temperatura, não se registou ozono em nenhum dos meses amostrados.

### 3.5.5.2 Tendências dos poluentes à entrada do parque de estacionamento de Sogoniko

Durante os diferentes períodos de amostragem do ar, à entrada do terminal de autocarros de Sogoniko, os poluentes recolhidos mostraram uma alteração significativa (quadro 29).

**Quadro 29: Tendências dos poluentes**

| Datas | $^3$Poluentes (em µg/m ) | | | | |
|---|---|---|---|---|---|
| | $PM_{10}$ | $PM_{2.5}$ | $NÃO_2$ | $SO_2$ | $O_3$ |
| 19 de janeiro de 2022 | 30,83 | 8,30 | 23,72 | 35,58 | 0 |
| 28 de abril de 2022 | 132,84 | 26,09 | 115,05 | 0 | 0 |
| 08 de agosto de 2022 | 77,09 | 24,90 | 0 | 32,02 | 0 |

**Fonte: inquéritos pessoais, 2022**

A análise deste quadro mostra que os poluentes mudam de um período para o outro:

$_2{}^{33}$O S0 registado em 19 de janeiro de 2022 atingiu 35,58 µg/m a uma temperatura de 25°C, seguido de 32,02 µg/m em 8 de agosto de 2022. $_2$No entanto, o SO foi zero na altura da amostragem em abril de 2022.

$_2{}^{33}$N0 , em 28 de abril de 2022, continua a ser o mais elevado com 115,05µg/m a uma temperatura de 30°C, seguido do dia 19 de janeiro com 23,72µg/m a uma temperatura de 27°C. No entanto, foi zero em 8 de agosto de 2022.

$_{10}^{3}{}_{2.5}^{3}$A PM , em 28 de abril de 2022, continua a ser a mais elevada com 132,84µg/m$^3$ a uma temperatura de 30°C, seguida da PM em 8 de agosto de 2022, com 77,09µg/m$^3$ a uma temperatura de 25°C. $_{10}^{3}$Por último, o PM , em 19 de janeiro de 2022, foi baixo com 30,83µg/m$^3$ a uma temperatura de 27°C.

$_{2.5}^{3}{}^{3}$PM , em 28 de abril de 2022, é o mais alto com 26,09µg/m$^3$ a uma temperatura de 30°C, seguido por PM em 8 de agosto de 2022 com 24,90µg/m$^3$ a uma temperatura de 25°C. $_{2.5}^{3}$Finalmente, PM , em 19 de janeiro de 2022, com 8,30µg/m$^3$ a uma temperatura de 27°C.

Apesar da variação de temperatura, não se registou ozono em nenhum dos meses amostrados.

### 3.5.5.3. Tendências dos poluentes no Tour de l'Afrique em Faladjiè

No Tour de l'Afrique em Faladjiè, durante os diferentes períodos de recolha de amostras de ar, os poluentes recolhidos registaram uma variação ligeira mas não negligenciável (quadro 30).

**Quadro 30: Tendências dos poluentes**

| Datas | Poluentes (em µg/m$^3$) | | | | |
|---|---|---|---|---|---|
| | PM$_{10}$ | PM$_{2.5}$ | NÃO$_2$ | SO$_2$ | O$_3$ |
| 19 de janeiro de 2022 | 71,16 | 71,16 | 11,86 | 4,74 | 0 |
| 28 de abril de 2022 | 49,81 | 17,79 | 91,32 | 0 | 0 |
| 08 de agosto de 2022 | 7,11 | 2,37 | 0 | 32,02 | 0 |

**Fonte: inquéritos pessoais, 2022**

Este quadro mostra claramente que os poluentes mudam de um período para o outro:

$_2{}^{33}$O S0 de 8 de agosto de 2022 atingiu apenas 32,02μg/m a uma temperatura de 25°C, seguido do de 19 de janeiro de 2022 com 4,74μg/m . $_2$No entanto, o SO foi zero em 28 de abril de 2022.

$_2{}^{33}$N0 , em 28 de abril de 2022, continua a ser o mais elevado com 91,32μg/m , a uma temperatura de 27°C, seguido de 19 de janeiro de 2022 com 11,86μg/m , a uma temperatura de 25°C. No entanto, foi zero em 8 de agosto de 2022.

$_{10}{}^{33}$A PM , em 19 de janeiro de 2022, foi a mais elevada com 71,16μg/m a uma temperatura de 25°C, seguida da PM em 28 de abril de 2022, com 43,81μg/m a uma temperatura de 30°C. $_{10}{}^{3}$Por fim, o PM , em 8 de agosto de 2022, foi o mais baixo com 7,11 μg/m a uma temperatura de 27°C.

$_{2.5}{}^{33}{}_{2.5}{}^{3}$A PM , em 19 de janeiro de 2022, foi a mais elevada, com 71,16 μg/m a uma temperatura de 25°C, seguida da PM , em 28 de abril de 2022, com 17,79 μg/m a uma temperatura de 30°C, e da PM , em 8 de agosto de 2022, com 2,37 μg/m a uma temperatura de 27°C.

A tabela também mostra que, apesar da variação de temperatura, o ozono é zero em todos os meses amostrados.

### 3.5.5.4. Tendências dos poluentes na intersecção do semáforo de Kalabancoura

Na intersecção do semáforo de Kalabancoura, durante os vários períodos de amostragem do ar, os poluentes recolhidos apresentaram alterações significativas (quadro 31).

**Quadro 31: Tendências dos poluentes**

| Datas | $^3$Poluentes (em µg/m ) | | | | |
|---|---|---|---|---|---|
| | $PM_{10}$ | $PM_{2.5}$ | $N\tilde{A}O_2$ | $SO_2$ | $O_3$ |
| 19 de janeiro de 2022 | 15,41 | 7,11 | 3,55 | 35,58 | 0 |
| 28 de abril de 2022 | 106,74 | 51 | 155,37 | 11,86 | 0 |
| 08 de agosto de 2022 | 45,07 | 8,3 | 23,72 | 52,12 | 0 |

**Fonte: inquéritos pessoais, 2022**

No quadro acima, os poluentes mudam de um período para o outro:

$_2{}^{33}{}_2{}^3 S0$ , em 8 de agosto de 2022, foi o mais elevado com 52,12 µg/m a uma temperatura de 27°C, seguido de S0 em 19 de janeiro de 2022 com 35,58µg/m a uma temperatura de 25°C, e SO , em 28 de abril de 2022, com 11,86µg/m a uma temperatura de 30°C.

$_2{}^{33}{}_{2,}{}^3 N0$ , em 28 de abril de 2022, é o mais elevado com 155,37µg/m a uma temperatura de 30°C, seguido do de 8 de agosto de 2022, com 23,72 µg/m a uma temperatura de 27°C, e finalmente o NO em 19 de janeiro de 2022 com 3,55µg/m , a uma temperatura de 25°C.

$_{10,}{}^{33}{}_{10}{}^{3}$A PM de 28 de abril de 2022 é a mais elevada, com 106,74µg/m a uma temperatura de 30°C, seguida da PM de 8 de agosto de 2022, com 45,07µg/m a uma temperatura de 27°C, e finalmente a PM de 19 de janeiro de 2022 é a mais baixa, com 15,41µg/m a uma temperatura de 25°C.

$_{2.5}{}^{33}{}_{2.5}{}^{3}$A PM de 28 de abril de 2022 foi a mais elevada, com 51 µg/m a uma temperatura de 30°C, seguida da PM de 8 de agosto de 2022, com 8,3 µg/m a uma temperatura de 27°C, e da PM de 19 de janeiro de 2022, com 7,11 µg/m a uma temperatura de 25°C.

O poluente ozono é nulo durante todos os períodos de amostragem, apesar da variação da temperatura.

### 3.5.5.5. Tendências dos poluentes na intersecção Bacodjicoroni-Kalabancoro

Durante os vários períodos de recolha de amostras de ar, os poluentes recolhidos na intersecção Bacodjicoroni-Kalabancoro apresentaram alterações significativas, com efeitos na qualidade do ar (Quadro 32).

**Quadro 32: Tendências dos poluentes**

| Datas | $^{3}$Poluentes (em µg/m ) | | | | |
|---|---|---|---|---|---|
| | PM$_{10}$ | PM$_{2.5}$ | NÃO$_2$ | SO$_2$ | O$_3$ |
| 19 de janeiro de 2022 | 39,14 | 16,60 | 0 | 42,69 | 0 |
| 28 de abril de 2022 | 170,79 | 32,02 | 142,33 | 0 | 0 |
| 08 de agosto de 2022 | 8,30 | 2,37 | 0 | 66,42 | 0 |

**Fonte: inquéritos pessoais, 2022**

O quadro mostra que os poluentes mudam de um período para o outro:

$_{10}^{33}{}_{10}^{3}$A PM em 28 de abril de 2022 foi a mais elevada com 170,79µg/m a uma temperatura de 37°C, seguida de 39,14µg/m em 19 de janeiro de 2022 a uma temperatura de 30°C, e finalmente a PM em 8 de agosto de 2022 foi a mais baixa com 8,3µg/m a uma temperatura de 27°C.

$_{2.5}^{33}$É muito claro que a PM de 28 de abril de 2022 é a mais elevada, com 32,02µg/m a uma temperatura de 30°C, seguida da PM de 19 de janeiro de 2022, com 16,60µg/m a uma temperatura de 25°C. $_{2.5}^{3}$Por último, a PM de 8 de agosto de 2022 é a mais baixa com 2,37µg/m a uma temperatura de 27°C.

$_{2}^{3}$SO , em 8 de agosto de 2022, continua a ser o mais elevado com 66,42µg/m a uma temperatura de 27°C, seguido de 19 de janeiro de 2022 a uma temperatura de 25°C. No entanto, foi zero em abril de 2022, apesar do aumento da temperatura.

Apesar da variação da temperatura, o ozono foi nulo durante todos os períodos de amostragem.

### 3.5.5.6. Tendências dos poluentes na rotunda de Woyowayanko

Durante os vários períodos de recolha de amostras de ar, os poluentes recolhidos na zona da rotunda de Woyowayanko registaram uma alteração pequena mas significativa (quadro 32).

**Quadro 32: Tendências dos poluentes**

| Datas | $^{3}$Poluentes (em µg/m ) | | | | |
|---|---|---|---|---|---|
| | $PM_{10}$ | $PM_{2.5}$ | $NÃO_2$ | $SO_2$ | $O_3$ |
| | | | | | |

| 19 de janeiro de 2022 | 18,97 | 10,67 | 0 | 34,39 | 0 |
|---|---|---|---|---|---|
| 10 de maio de 2022 | 43,88 | 9,48 | 0 | 0 | 0 |
| 08 de agosto de 2022 | 11,86 | 5,93 | 0 | 43,88 | 0 |

**Fonte: inquéritos pessoais, 2022**

Este quadro mostra que os poluentes mudam de um período para o outro:

$_2^{33}$O SO em 8 de agosto de 2022 atingiu 43,88µg/m a uma temperatura de 30°C, seguido de 34,39µg/m em 19 de janeiro de 2022, enquanto foi zero em 10 de maio de 2022, apesar de uma temperatura de 36,6°C.

$_2,$ O quadro 32 mostra que o NO permanece nulo durante todos os meses de amostragem.

$_{10}^{33}{_{10}^3}$A análise do quadro mostra que a PM de 10 de maio de 2022 atingiu 43,88 µg/m a uma temperatura de 36,6°C, seguida de 18,97 µg/m a 32°C e, por fim, a PM de 8 de agosto de 2022 com 11,86 µg/m a uma temperatura de 30°C.

$_{2.5}^{33}$PM , em 19 de janeiro de 2022, foi o mais elevado com 10,67µg/m a uma temperatura de 32°C, seguido por PM em 10 de maio de 2022 com 9,48µg/m a uma temperatura de 36,6°C. $_{2.5}^3$Por último, o PM , em 8 de agosto de 2022, permanece baixo com 5,93µg/m a uma temperatura de 30°C.

Apesar da variação de temperatura, o poluente manteve-se nulo em todos os meses amostrados.

### 3.5.5.7. Tendências dos poluentes na rotunda da Place de l'indépendance

Durante os diferentes períodos de recolha de amostras de ar, os poluentes recolhidos na rotunda da Place de l'Indépendance registaram alterações significativas (quadro 33).

**Quadro 33: Tendências dos poluentes**

| Datas | $^3$Poluentes (em µg/m ) | | | | |
|---|---|---|---|---|---|
| | $PM_{10}$ | $PM_{2.5}$ | NÃO$_2$ | $SO_2$ | $O_3$ |
| 19 de janeiro de 2022 | 4,74 | 7,11 | 11,86 | 53,37 | 0 |
| 10 de maio de 2022 | 40,32 | 17,79 | 0 | 0 | 0 |
| 08 de agosto de 2022 | 16,60 | 7,11 | 0 | 30,38 | 0 |

**Fonte: inquéritos pessoais, 2022**

Neste quadro, os poluentes mudam de um período para o outro:

$_2{}^{33}SO$ , em 19 de janeiro de 2022, atingiu 53,37µg/m a uma temperatura de 32°C, seguido de 8 de agosto de 2022 com 30,38µg/m a uma temperatura de 30°C. Foi zero em 10 de maio de 2022.

$_{2,}{}^3O$ N0 em 19 de janeiro de 2022 continua a ser o mais elevado, com 11,86µg/m a uma temperatura de 25°C. No entanto, permanece zero durante os outros períodos de amostragem.

$_{10}{}^{33}PM$ , em 10 de maio de 2022, atingiu 40,32 µg/m a uma temperatura de 30°C, seguida da amostragem de 8 de agosto de 2022, com 16,60 µg/m a uma temperatura de 27°C. $^3$Por último, as amostras recolhidas em 19 de janeiro de 2022 atingiram apenas 4,74 µg/m .

$_{2.5}$[33]Verifica-se igualmente que o PM , no dia 10 de maio de 2022, é o mais elevado com 17,79 µg/m a uma temperatura de 30°C, seguido dos outros meses que atingem 7,11 µg/m para cada mês, com temperaturas que oscilam entre 25°C e 27°C.

Esta tabela mostra que, apesar da variação da temperatura, o ozono é nulo em todos os meses amostrados.

### 3.5.5.8. Tendências dos poluentes na intersecção Alqoods

Durante os diferentes períodos de recolha de amostras de ar, os poluentes recolhidos na intersecção Alqoods apresentaram alterações significativas (quadro 34).

**Quadro 34: Tendências dos poluentes**

| Datas | [3]Poluentes (em µg/m ) | | | | |
|---|---|---|---|---|---|
| | $PM_{10}$ | $PM_{2.5}$ | $NÃO_2$ | $SO_2$ | $O_3$ |
| 19 de janeiro de 2022 | 4,74 | 11,86 | 0 | 81,84 | 0 |
| 10 de maio de 2022 | 17,79 | 8,3 | 0 | 0 | 0 |
| 08 de agosto de 2022 | 29,65 | 10,67 | 0 | 11,84 | 0 |

**Fonte: inquéritos pessoais, 2022**

No quadro acima, os poluentes mudam de um período para o outro:

$_2$,[33]S0 em 19 de janeiro de 2022, continua a ser o mais elevado com 81,84µg/m a uma temperatura de 34°C, seguido de 8 de agosto de 2022 com 11,86µg/m a uma temperatura de 37,3°C. No entanto, o poluente permaneceu zero durante a amostragem de 10 de maio de 2022.

$_2$O N0 foi zero durante todos os meses amostrados, apesar da variação de temperatura.

$_{10,}^{33}$A PM de 8 de agosto de 2022 foi a mais elevada com 29,65µg/m a uma temperatura de 27°C, seguida da PM de 10 de maio de 2022 com 17,79µg/m a uma temperatura de 30°C. $_{10,}^{3}$Por último, a PM de 19 de janeiro de 2022 manteve-se baixa com 4,74µg/m a uma temperatura de 25°C.

$_{2.5}^{33}$PM , no cruzamento Alqoods, em 19 de janeiro de 2022, é o mais dominante com 11,86µg/m a uma temperatura de 25°C, seguido de PM em 8 de agosto de 2022, a uma temperatura de 27°C com 10,67µg/m . $_{10}^{3}$Finalmente, PM , em 10 de maio de 2022, a uma temperatura de 30°C, continua a ser o mais baixo com 8,3µg/m .

Apesar da variação de temperatura, o poluente ozono foi nulo em todos os meses amostrados.

### 3.5.5.9. Tendências dos poluentes na viragem de Banconi

No desvio de Banconi, os poluentes recolhidos apresentaram alterações significativas ao longo dos vários períodos de recolha de amostras de ar (Quadro 35).

**Quadro 35: Tendências dos poluentes**

| Datas | $^{3}$Poluentes (em µg/m ) | | | | |
|---|---|---|---|---|---|
| | PM$_{10}$ | PM$_{2.5}$ | NÃO$_2$ | SO$_2$ | O$_3$ |
| 19 de janeiro de 2022 | 24,90 | 10,67 | 0 | 67,6 | 0 |
| 10 de maio de 2022 | 26,09 | 8,3 | 0 | 0 | 0 |

| 08 de agosto de 2022 | 30,83 | 9,48 | 0 | 26,09 | 0 |
|---|---|---|---|---|---|

**Fonte: inquéritos pessoais, 2022**

A análise do quadro acima mostra que os poluentes mudam de um período para o outro:

O $SO_2$, em 19 de janeiro de 2022 foi o mais elevado com 67,6µg/m³ a uma temperatura de 34°C, seguido de 8 de agosto de 2022 com 26,09µg/m³ a uma temperatura de 31°C. No entanto, foi zero durante a amostragem em 10 de maio de 2022.

O $NO_2$, permanece zero durante todos os meses de amostragem.

A $PM_{10}$ de 8 de agosto de 2022 foi a mais elevada, com 30,83µg/m³ a uma temperatura de 27°C, seguida da PM de 10 de maio de 2022, com 26,09µg/m³ a uma temperatura de 30°C. Finalmente, a $PM_{10}$ de 19 de janeiro de 2022 atingiu 24,9µg/m³ a uma temperatura de 25°C.

O $PM_{2.5}$, no dia 19 de janeiro de 2022, só atingiu 10,67µg/m³ com uma temperatura de 25°C, seguido do PM no dia 8 de agosto de 2022, com uma temperatura de 27°C, com 9,48µg/m³ . Por último, o $PM_{2.5}$, em 10 de maio de 2022, foi o mais baixo com 8,3µg/m³ a uma temperatura de 30°C.

Apesar da variação de temperatura, o poluente ozono manteve-se nulo em todos os meses amostrados.

### 3.5.5.10. Tendências dos poluentes na intersecção Malilait sa

Na intersecção Malilait sa, durante os diferentes períodos de recolha de amostras de ar, os poluentes recolhidos registaram alterações significativas (quadro 36).

**Quadro 36: Tendências dos poluentes**

| Datas | Poluentes (em $\mu g/m^3$) | | | | |
|---|---|---|---|---|---|
| | $PM_{10}$ | $PM_{2.5}$ | $N\tilde{A}O_2$ | $SO_2$ | $O_3$ |
| 19 de janeiro de 2022 | 59,30 | 23,72 | 0 | 58,11 | 845,56 |
| 10 de maio de 2022 | 26,09 | 7,11 | 0 | 0 | 0 |
| 08 de agosto de 2022 | 18,97 | 7,11 | 0 | 2,37 | 0 |

**Fonte: inquéritos pessoais, 2022**

No quadro acima, os poluentes mudam de um período para o outro:

$SO_2$, em 19 de janeiro de 2022, foi o mais elevado com 58,11$\mu g/m^3$ a uma temperatura de 25°C, seguido de SO em 8 de agosto de 2022 com 2,37$\mu g/m^3$ a uma temperatura de 27°C. No entanto, foi zero em 10 de maio de 2022.

$NO_2$, é zero durante todas as fases de amostragem.

A $PM_{10}$ de 19 de janeiro de 2022 foi a mais elevada com 59,3 $\mu g/m^3$ a uma temperatura de 25°C, seguida da PM de 10 de maio de 2022 com 26,09 $\mu g/m^3$ a uma temperatura de 30°C. Por fim, o $PM_{10}$, em 8 de agosto de 2022, atingiu 18,97 $\mu g/m^3$ a uma temperatura de 30°C.

~2.5~[33]Verifica-se igualmente que, na intersecção Malilait sa, a PM de 19 de janeiro de 2022 continua a ser a mais elevada, com 23,72 µg/m a uma temperatura de 25°C, seguida das de 8 de agosto de 2022 e 10 de maio de 2022, a temperaturas de 27°C e 30°C, respetivamente, que atingem 7,11 µg/m .

~3~ [33]O quadro mostra que, em 19 de janeiro de 2022, a uma temperatura de 33°C, o O atingiu 845,56 µg/m , ultrapassando a norma da OMS de 60 µg/m durante 8 horas.

# CAPÍTULO IV: ANÁLISE, INTERPRETAÇÃO, DISCUSSÃO DOS RESULTADOS E SOLUÇÕES PROPOSTAS

## 4.1. Análise e interpretação dos resultados

O distrito de Bamako, a capital do Mali, é o centro das actividades económicas e comerciais do país. É também a sede das administrações públicas do Estado. Este facto conduziu a um aumento crescente da mobilidade urbana. Este aumento é acompanhado pela utilização de veículos movidos a combustíveis fósseis e pelo estado das infra-estruturas rodoviárias, frequentemente degradadas. Todos estes factores foram tidos em conta no presente estudo, a fim de permitir uma análise e uma interpretação objectivas.

### 4.1.1. [10] PM no ar ambiente no distrito de Bamako

[10]A OMS classificou o PM como um dos poluentes mais perigosos, devido à sua dimensão e à sua capacidade de causar danos. [3]No Distrito de Bamako, este poluente está frequentemente presente no ar em quantidades suficientes, consoante o local, ultrapassando assim a recomendação da Organização Mundial de Saúde de 45µg/m .

[3]Assim, em 19 de janeiro de 2022, verificou-se que estes locais ultrapassaram a norma estabelecida pela OMS (45µg/m ). A simples observação mostra que as infra-estruturas rodoviárias estão mal conservadas. Além disso, os veículos circulavam num troço de asfalto que tinha sido limpo de poluentes. Por último, o frio registado no dia da amostragem reduziu a volatilidade do poluente. [3]Durante o dia de

amostragem, o local mais poluído foi o Tour de l'Afrique com 71,16 μg/m . Situado entre 007°56'36.6" de latitude oeste e 12°35'05.3" de longitude norte, com uma altitude de 326 m, o Tour de l'Afrique é um cruzamento de duas estradas nacionais, sendo por isso muito frequentado por veículos, nomeadamente automóveis. É igualmente evidente que, durante o dia da amostragem, os locais da margem direita eram os mais poluídos. Isto pode ser explicado pelo facto de a margem direita, que até agora era o dormitório, estar confrontada com um problema de infra-estruturas que conduz a um aumento deste poluente, ao passo que a margem esquerda é um centro de actividades que só se encontram nas comunas I e II do distrito de Bamako. Nestas comunas, as estradas são alcatroadas, o que reduz os níveis de poeira.

$_{10}{}^{3}$No que diz respeito à amostragem de poluentes de 10 de maio de 2022, realizada nos locais da GR sob temperaturas que variam entre 36,6°C e 39°C, com uma velocidade do vento noroeste de 2,2 m/s e uma humidade de 62%, as PM estavam presentes nos cinco locais, mas em quantidades inferiores à norma da OMS (45 μg/m ), $^{3}$ O valor mais elevado registado foi de 43,88 μg/m na rotunda de Woyowayanko, situada entre 008°02'40,7" de latitude oeste e 12°36'46,4" de longitude norte, a uma altitude de 326 m. A rotunda de Woyowayanko encontrava-se em mau estado de conservação no momento da amostragem. Além disso, registou-se alguma precipitação e uma velocidade do vento ligeiramente elevada no dia da amostragem, especialmente porque a chuva tem um efeito positivo na qualidade do ar, uma vez que ajuda a dispersar a poluição atmosférica. A chuva forte transporta os poluentes mais pesados para o solo e pode, por vezes, acelerar a dissolução de certos poluentes.

[10]Durante o dia 28 de abril de 2022, nos locais da margem direita do distrito de Bamako, o PM aumentou. Este aumento pode ser explicado pela fraca intensidade do vento, o que resulta em pouco movimento do poluente de um ponto para outro, levando à estagnação do poluente no local. Além disso, as infra-estruturas rodoviárias destes locais não estão bem conservadas e os utilizadores utilizam os passeios para se deslocarem. [3]Destes locais, o cruzamento Bacodjicoroni-Kalabancoro, situado entre a latitude 8°1'23" W e a longitude 12°34'59" N, a uma altitude de 374,29 m, registou o valor mais elevado, 170,79µg/m , ultrapassando em mais de três vezes a recomendação da OMS.

As últimas amostras, recolhidas em 8 de agosto de 2022, foram colhidas em ambos os lados do distrito de Bamako, com temperaturas entre 27°C e 31°C, com uma velocidade do vento de 2,1 m/s de sudoeste e uma humidade de 83%. [10]Só em dois sítios é que a PM ultrapassou a recomendação da OMS. [33]Foram eles: a entrada da auto-estação (77,09 µg/m ) e o cruzamento do semáforo de Kalabancoura (45,07 µg/m ). Os restantes locais registaram valores, mas nenhum excedeu a recomendação da OMS. Esta descida explica-se pelo facto de a chuva ser um meio de despoluição e de, em agosto, ser abundante. Além disso, logo após a recolha das amostras na entrada do terminal de autocarros, houve chuva, o que pode ter impacto nos níveis de poluentes noutros locais.

### 4.1.2. $_{2.5}$PM no ar ambiente no distrito de Bamako

$_{2.5}$A OMS classificou o PM como um dos poluentes mais perigosos, dada a sua dimensão e a sua capacidade de causar danos. No Distrito de Bamako, este poluente está presente no ar de forma significativa, consoante o local. [3]A OMS recomendou uma norma de 15 µg/m que não deve ser ultrapassada.

[2.5]As PM durante o dia de 19 de janeiro de 2022 estavam presentes em todos os locais, mas em baixas concentrações em vários deles. O tempo frio reduz a volatilidade dos poluentes. Em termos simplificados, dependendo da sua direção e intensidade, o vento pode dispersar os poluentes ou concentrá-los numa pequena área geográfica, especialmente porque a velocidade do vento em 19 de janeiro de 2022 era de 2,6 m/s.

[3]O Tour de l'Afrique, situado a 007°56'36,6" de latitude oeste e 12°35'05,3" de longitude norte, com uma altitude de 326 m, registou 71,16 µg/m , o valor mais elevado. Embora esta torre seja um cruzamento, os utilizadores também utilizam os passeios, o que leva a um aumento das poeiras.

Amostras colhidas em 10 de maio de 2022 no RG, a uma temperatura de 37,2°C, com uma velocidade do vento de 1,2 m/s de noroeste e uma humidade de 62%, nos cinco locais, [3]apenas a rotunda da Place de l'Indépendance, na latitude 008°00'17.4" W, longitude 12°35'52.4" N e altitude 334 m, registou 17,79 µg/m , excedendo ligeiramente a recomendação da OMS. As amostras recolhidas em 28 de abril de 2022 na RD do distrito de Bamako, com temperaturas entre 30°C e 39°C, com uma velocidade do vento noroeste de 1,2 m/s e uma humidade de 62%, excederam a norma da OMS em quatro locais. [33333]Trata-se do cruzamento do Liceu Kankou Moussa (96,07 µg/m ), do cruzamento do semáforo de Kalabancoura (51 µg/m ), do cruzamento Bacodjicoroni-Kalabancoro (32,02 µg/m ), da entrada da estação de autocarros de

Sogoniko (26,09 µg/m ) e da Tour de l'Afrique (17,79 µg/m ). O vento é favorável à dispersão dos poluentes. A sua direção ajuda a orientar as plumas de fumo e a sua velocidade desloca os poluentes. Em termos simples, dependendo da sua direção e intensidade, o vento pode dispersar os poluentes ou concentrá-los numa determinada área geográfica.

Este aumento pode certamente ser explicado pelas altas temperaturas, mas também pelo mau estado das infra-estruturas rodoviárias e pela utilização dos pavimentos pelos utilizadores de veículos. Além disso, o vento, consoante a sua direção e intensidade, pode dispersar os poluentes ou concentrá-los numa determinada zona. [3]O cruzamento do Liceu Kankou Moussa, situado a 007°58'43,3" de latitude oeste e 12°36'57,2" de longitude norte, com uma altitude de 331 m, registou o valor mais elevado, 96,07µg/m .

2.5Quanto às últimas amostras de PM, recolhidas em ambos os lados do distrito de Bamako a 8 de agosto de 2022, com temperaturas entre 27°C e 30°C, uma velocidade do vento de 2,1 m/s de sudoeste e uma humidade de 83%, verifica-se que os valores registados apenas à entrada do terminal rodoviário excederam a norma da OMS. Esta situação deve-se à chuva, que é um fator de controlo da poluição atmosférica. Assim, a chuva também tem uma influência positiva na qualidade do ar. Ajuda a dispersar a poluição atmosférica. Transporta os poluentes mais pesados para o solo e pode, por vezes, acelerar a dissolução de certos poluentes.

[3]A entrada do auto-terminal, situada entre 007°58'43.3" de latitude oeste e 12°36'57.2" de longitude norte, a uma altitude de 331 m, registou o valor mais elevado de 24,90 µg/m a 27°C.

[2.5]É evidente que o poluente PM atinge o seu máximo em abril. [3]O local mais poluído é o cruzamento do Liceu Kankou Moussa, que regista o valor mais elevado, 96,07µg/m . Está situado entre 007°58'43.3" de latitude oeste e 12°36'57.2" de longitude norte, a uma altitude de 331 m, na Comuna V do Distrito de Bamako. Os seguintes factores explicam este aumento: o aumento da temperatura, a fraca intensidade do vento, o abrandamento do movimento pelos semáforos, a posição do local que é o cruzamento da estrada proveniente da primeira e da segunda ponte.

### 4.1.3. Dióxido de enxofre no ar ambiente no distrito de Bamako

[2]O dióxido de enxofre (SO ) é um poluente perigoso que tem um impacto negativo no ambiente. [3]A OMS estabeleceu um limite de 40 µg/m que não deve ser ultrapassado em cada metro cúbico de ar. Em Bamako, verificou-se que os níveis de dióxido de enxofre variavam de local para local e de dia para dia.

[3]As amostras colhidas em 19 de janeiro de 2022 nos dois lados do bairro de Bamako, com temperaturas compreendidas entre 25°C e 34°C, com uma velocidade do vento de nordeste de 2,6 m/s e uma humidade de 27%, registaram valores superiores à recomendação da OMS de 40 µg/m em oito pontos de amostragem. [3333]Foram eles: a rotunda da Place de l'Indépendance (53,37 µg/m ), o cruzamento de Alqoods (81,84 µg/m ), a curva de Banconi (67,6 µg/m ), o cruzamento de Malilait sa (58,11 µg/m) e o cruzamento de Bacodjicoroni-Kalabancoro (42,69µg/m ). Este aumento pode ser explicado não só pela frequência muito elevada de automóveis, mas também pelas baixas temperaturas, que são desfavoráveis à qualidade do ar. As temperaturas frias reduzem a volatilidade dos poluentes. Todos estes sítios apresentam valores que

excedem ligeiramente ou em grande parte a recomendação da OMS. No entanto, é evidente que o local mais afetado pelo poluente dióxido de enxofre é o cruzamento de Alqoods a 34°C. Este local está situado entre 007°59'40.0" de latitude oeste e 12°39'02.6" de longitude norte, com uma altitude de 339 m. A intersecção de Alqoods situa-se no centro do distrito de Bamako. Este aumento pode ser explicado pelo facto de o cruzamento de Alqoods, situado na comuna II do distrito de Bamako, ser um local frequentado por transportes públicos, 95% dos quais utilizam gasóleo, que tem um teor de enxofre muito elevado. A presença de semáforos e o estado das infra-estruturas rodoviárias fazem com que os veículos se desloquem lentamente. Quanto mais lentos se deslocam, mais poluentes libertam para a atmosfera. Há também a presença da pastelaria conhecida como Le Nid, que emite este poluente. Nos outros sítios, o poluente está presente, mas em quantidades insuficientes.

As amostras colhidas em 28 de abril de 2022 no RD, a uma temperatura que variava entre 30°C e 39°C, com uma velocidade do vento de noroeste de 1,2 m/s e uma humidade de 62%, mostraram que o dióxido de enxofre estava de facto presente, mas abaixo da norma estabelecida pela OMS, apesar da temperatura elevada e da baixa intensidade do vento. Esta situação pode ser explicada pela baixa frequência de tráfego na altura da amostragem.

As amostras foram colhidas no dia 10 de maio de 2022, a uma temperatura compreendida entre 36,6°C e 39°C, com uma velocidade do vento de 2,2 m/s de noroeste e uma humidade de 49%. Apesar da variação dos parâmetros, os níveis de dióxido de enxofre foram nulos nos locais da GR. Este facto pode ser explicado pela presença de alguma prccipitação durante este mês e antes da amostragem, mas também pelo vento, que provoca a deslocação do poluente.

No dia 8 de agosto de 2022, com temperaturas entre 27°C e 30°C, uma velocidade do vento de 2,1 m/s de sudoeste e uma humidade de 83%, observámos uma alteração dos níveis de dióxido de enxofre. Apesar desta tendência, a recomendação da OMS só foi ultrapassada em três locais, a saber, o cruzamento Bacodjicoroni-Kalabancoro, o cruzamento com semáforos de Kalabancoura e a rotunda de Woyowayanko. Esta situação explica-se pela pluviosidade constante, que tem um efeito positivo na qualidade do ar. Assegura uma boa dispersão da poluição atmosférica. As fortes precipitações transportam os poluentes mais pesados para o solo e podem, por vezes, acelerar a dissolução dos poluentes. Durante este período, de um modo geral, as concentrações de poluentes na atmosfera diminuem significativamente quando chove, nomeadamente no caso das poeiras e dos elementos solúveis, como as partículas em suspensão, o dióxido de enxofre e o dióxido de azoto.

### 4.1.4. $_2$NO no ar ambiente no distrito de Bamako

[3]O dióxido de azoto, que é um dos principais poluentes citados pela OMS ao estabelecer uma norma de 25 µg/m durante 24 horas que não deve ser excedida, é encontrado em quantidades mais elevadas no distrito de Bamako, em determinados locais e durante certos períodos de amostragem.

As amostras foram recolhidas em 19 de janeiro de 2022 em ambos os lados do distrito de Bamako, a temperaturas que variavam entre 25°C e 34°C, com uma velocidade do vento nordeste de 2,6 m/s e humidade de

27%. Verificou-se que o dióxido de enxofre estava presente em três locais, mas em quantidades insuficientes para exceder a recomendação da OMS. No entanto, não havia dióxido de enxofre nos outros locais. [33333]Estes locais são: a rotunda da Place Indépendance (11,86 µg/m ), o cruzamento do Lycée Kankou Moussa (21,34 µg/m ), a entrada da auto-estação (23,72 µg/m ), a Tour de l'Afrique (11,86 µg/m ) e o cruzamento do semáforo de Kalabancoura (3,55 µg/m ). Esta descida pode ser explicada pela fraca frequência de veículos na altura e pelo vento forte no momento da amostragem do poluente.

As amostras recolhidas em 28 de abril de 2022 na Margem Direita, com temperaturas compreendidas entre 30°C e 39°C, com uma velocidade do vento noroeste de 1,2 m/s e uma humidade de 62%, registaram valores muito superiores à recomendação da OMS em quatro locais. [3333]São eles: o cruzamento Lycée Kankou Moussa Daoudabougou (106,74µg/m ), a entrada da auto-estação de Sogoniko (115,05µg/m ), o Tour de l'Afrique em Faladjiè (91,32µg/m ) e o cruzamento dos semáforos de Kalabancoura (155,37µg/m ). Este aumento pode ser explicado pela subida acentuada da temperatura, pela fraca intensidade do vento e pela ausência de chuva antes da amostragem.

[3]O local que registou o valor mais elevado abaixo dos 28°C foi o cruzamento do semáforo de Kalabancoura, com 155,37 µg/m em 28 de abril de 2022. Situado entre 007°59'30.8" de latitude oeste e 12°35'18.6" de longitude norte, com uma altitude de 331 m, o cruzamento do semáforo de Kalabancoura situa-se na estrada que conduz ao aeroporto internacional Presidente Modibo KEITA, bem como a outros bairros densamente povoados. Esta situação provoca um tráfego intenso nesta

estrada, nomeadamente nos semáforos de Kalabancoura, criando engarrafamentos.

As amostras colhidas em 10 de maio de 2022 na GR, com temperaturas entre 36,6°C e 39°C, uma velocidade do vento de 2,2 m/s de noroeste e uma humidade de 62%, foram nulas em todos os locais, porque houve alguma precipitação durante o mês anterior à colheita das amostras. É de notar que a chuva é um fator de despoluição.

[3]Por último, quando as amostras foram recolhidas em 8 de agosto de 2022 nos dois lados do bairro de Bamako, com temperaturas entre 27°C e 31°C, uma velocidade do vento de 2,1 m/s de sudoeste e uma humidade de 83%, os níveis de dióxido de azoto eram nulos em todos os locais, exceto no cruzamento do semáforo de Kalabancoura, com 23,72 µg/m . Esta situação pode ser explicada pela forte precipitação ocorrida em agosto.

### 4.1.5. [3]Ozono (O ) no ar ambiente no distrito de Bamako

O ozono é um poluente secundário, formado pela combinação de vários poluentes, nomeadamente o dióxido de enxofre, o dióxido de azoto, os compostos orgânicos voláteis e o monóxido de carbono. Este poluente tem um impacto negativo na qualidade do ar em meio urbano.

[3]A amostragem de O em 19 de janeiro de 2022, realizada nas duas margens do distrito de Bamako, a uma temperatura que varia entre 25°C e 33°C, com uma velocidade do vento de 2,6 m/s de nordeste e uma humidade de 27%, mostrou que o poluente ozono era nulo em todos os locais, exceto no cruzamento de Malilait sa. [333]No cruzamento de Malilait sa, situado a 007°59'40.0" de latitude oeste e 12°39'02.6" de

longitude norte, com uma altitude de 339 m, a uma temperatura de 33°C, o poluente registado foi de 845,56 µg/m , muito acima da recomendação da OMS de 100 µg/m durante 8 horas e de 60 µg/m durante o período de pico, apesar da ausência de temperaturas elevadas e da baixa intensidade do vento. Este aumento pode ser explicado pelo facto de o Serviço de Manutenção do Parque Automóvel e do Material (SEPAUMAT), pertencente à Direção Nacional da Saúde Pública, estar situado a cerca de trinta metros do local de amostragem e ser responsável pela reparação das arcas congeladoras por conta do serviço de saúde. [3]É certo que o dia da amostragem coincidiu com uma atividade intensa na instalação, o que levou a uma grande libertação de Compostos Orgânicos Voláteis (COV), que são os principais elementos envolvidos na formação do poluente O .

Para além dos vários poluentes acima mencionados, outras fontes como as unidades industriais, as habitações, as padarias, etc. produzem outros gases com efeito de estufa adicionais que degradam a qualidade do ar no distrito de Bamako.

Os efeitos colaterais desta deterioração da qualidade do ar ambiente sobre a saúde são múltiplos, incluindo o impacto sobre o canal auditivo, especialmente nas crianças, o cancro, as doenças respiratórias, como constipações, pneumonia, bronquite e angina, e as doenças oculares, como a conjuntivite, a presbiopia e a micose, que é causada pelo micróbio da difteria conhecido como bacilo de Loeffer. Para além destas, existe ainda a doença cutânea da micose.

## 4.2. Discussão dos resultados

Esta investigação estudou o impacto do tráfego das auto-estradas na qualidade do ar no distrito de Bamako. [2210] [2.53]O estudo envolveu a recolha de amostras de poluentes como o dióxido de enxofre (SO ) e o dióxido de azoto (NO ), que são poluentes primários, as partículas (PM e PM ) e o ozono (O ), que é um poluente secundário emitido pelo tráfego das auto-estradas, a fim de determinar os seus níveis na atmosfera do distrito de Bamako. O objetivo é analisar o impacto do tráfego rodoviário na qualidade do ar no distrito de Bamako, a fim de informar e sensibilizar a população e as autoridades para os riscos ambientais e sanitários da poluição do ar ambiente.

Assim, apercebemo-nos de que existe uma evolução muito notável dos poluentes em função dos locais e dos períodos de amostragem no Distrito de Bamako. De um modo geral, constatámos um aumento dos poluentes no ar, levando a uma deterioração da sua qualidade, devido a certos factores, nomeadamente a inexistência de normas de controlo da qualidade do ar que fixem limiares regulamentares, o desfasamento do plano diretor de desenvolvimento urbano, o estado degradado das estradas, o elevado nível de mobilidade urbana, a obsolescência do parque automóvel e a má qualidade do combustível.

O estudo mostrou que o Mali não dispõe de um arsenal regulamentar no que respeita às normas que fixam os limiares de poluentes no ar ambiente. A Diretion Nationale de l'Assainissement de Contrôle des pollutions et des Nuisances, criada para lutar contra a poluição sob todas as suas formas, não consegue desempenhar com êxito as suas funções.

A tónica foi igualmente colocada no impacto da urbanização sobre a qualidade do ar no distrito de Bamako. Verificou se que o Plano Diretor de Desenvolvimento Urbano que rege a cidade de Bamako está desfasado da realidade atual. Num total de 150 pessoas, todas residentes em Bamako, 51,3% afirmaram que a urbanização poderia ser uma das causas da poluição atmosférica em Bamako, contra 48,7%. Cabe, pois, à estrutura adequada pôr em prática medidas apropriadas para resolver estes problemas.

De acordo com o relatório de 26 de fevereiro de 2014 do Ministério do Urbanismo e da Política Urbana intitulado: Política Urbana Nacional, afirma-se que a cidade, no seu desenvolvimento, necessita de um Plano Diretor de Urbanização constantemente atualizado de acordo com o crescimento demográfico urbano, o que conduz ao saneamento, à mobilidade, à habitação, ao comércio, ao desporto, enfim, a tudo o que a cidade necessita para o bem-estar da população. No entanto, por vezes, o Plano Diretor de Desenvolvimento Urbano torna-se obsoleto devido ao crescimento demográfico, com novas visões que não são tidas em conta pelo Plano Diretor atual. É o caso do Mali, onde o Plano está desfasado da situação atual no terreno. O atual Plano Diretor de Desenvolvimento Urbano do Mali data de 1981. Por conseguinte, as autoridades têm atualmente grandes dificuldades em dar resposta aos problemas de mobilidade urbana, de habitação e de saneamento do distrito de Bamako, que representa mais de metade (50,14%) da população do país. (Ministério do Ordenamento do Território e da Política Urbana, 26 de fevereiro de 2014). Confrontado com o problema do controlo do crescimento das cidades, nomeadamente da sua expansão, o Governo da República do Mali (GRM) empreendeu um vasto programa de sensibilização para o fenómeno da urbanização, nomeadamente com a adoção, em 1981, do documento intitulado "Grandes Orientações da Política Nacional do Urbanismo e do Habitat no quadro do Ordenamento do Território". Um Plano Diretor de Desenvolvimento Urbano mal controlado tem um impacto negativo na mobilidade, resultando em engarrafamentos em todas as rotundas com tráfego intenso no distrito de Bamako. [102.5]Além disso, os veículos são retardados nos seus movimentos e são libertados poluentes como o dióxido de enxofre, o dióxido de azoto, as PM e as partículas. Todas as cidades se confrontam com problemas de mobilidade urbana devido à falta de estradas melhoradas e de transportes públicos adequados.

O estado das infra-estruturas rodoviárias no distrito de Bamako é mau e contribui para a deterioração da qualidade do ar, uma vez que esta situação leva à proliferação de partículas finas nas estradas e nas suas imediações. Nos resultados dos inquéritos à população-alvo, 85,3% dos inquiridos afirmaram que o estado das infra-estruturas rodoviárias no distrito de Bamako é mau, o que contribui fortemente para a deterioração da qualidade do ar. O Ministério do Equipamento, dos Transportes e da Abertura (2015) indica que o transporte rodoviário beneficia de uma vasta rede de infra-estruturas e de uma grande parte do mercado dos transportes. No entanto, depara-se com uma série de dificuldades que incluem o congestionamento do tráfego nos centros das cidades e a insegurança rodoviária; a insuficiência dos recursos afectados à construção ou reabilitação de estradas; a insuficiência dos recursos afectados à manutenção das estradas, que apenas cobrem menos de 50% das necessidades actuais de manutenção de rotina da rede rodoviária e a falta de recursos para financiar a manutenção periódica; a falta de controlo e de sanções para a sobrecarga, que é um fator de deterioração precoce das estradas; a falta de instrumentos adequados para a planificação dos projectos rodoviários; a ocupação descontrolada das faixas de rodagem; e a falta de um método preciso de gestão das estradas e de programação dos trabalhos de manutenção das estradas. A Direção Nacional das Estradas (Diretion Nationale des Routes, 2018) foi convidada a financiar um vasto programa de reabilitação e modernização de certas infra-estruturas rodoviárias no distrito de Bamako, com financiamento do Banco de Desenvolvimento da África Ocidental (BOAD), cujos objectivos estão em perfeita consonância com a Política Nacional dos Transportes, das Infra-estruturas de Transportes e da Abertura (PNTITD) e o seu plano de ação 2015-2019, adotado pelo Governo em outubro de 2015.

A mobilidade urbana, que envolve a utilização de meios de locomoção em geral e de veículos em particular no Distrito de Bamako, é um fator de poluição atmosférica, uma vez que 11,33% dos habitantes da cidade se deslocam de carro e 23,33% de transportes públicos. A isto junta-se o mau estado das estradas, que provoca um aumento das partículas no ar. Assim, 85,3% da população inquirida considera que as infra-estruturas contribuem para a degradação da qualidade do ar.

No seu artigo intitulado: Les enjeux de la pollution de l'air des transports, publicado em 2003, GOBERT J. afirma que o distrito de Bamako é o centro das actividades económicas e comerciais do país. É também o local onde se situam as administrações. Este facto conduziu a um aumento crescente da mobilidade urbana. Este aumento é acompanhado pela utilização de veículos movidos a combustíveis fósseis e pelo estado das infra-estruturas rodoviárias, muitas vezes em mau estado. Este artigo converge na mesma direção que a tese, porque os inquéritos realizados no terreno também revelaram que no Distrito de Bamako, o meio de transporte utilizado pela maioria dos habitantes da cidade é atualmente a motocicleta com 30%, seguido do veículo de transporte público com 23,33%, e depois o carro particular com 11,33%. Para além disso, os resultados mostraram que o número de veículos aumentará de 343 904 em 2019 para 405 937 em 2021.

GLANDUSL. e BELTRANDO G., no seu artigo intitulado: "Urban travel and air pollution in intermediate cities: political and environmental issues" publicado em 2013, afirmam que, em meio urbano, a poluição provém principalmente de três fontes: as actividades industriais e as actividades relacionadas com o sector doméstico (aquecimento, incineração de resíduos domésticos), historicamente as mais antigas, bem como o sector das deslocações de automóvel, atualmente considerado como a fonte mais significativa de emissões dentro dos aglomerados urbanos. Nem todos estes aspectos são tidos em conta na nossa investigação, mas há que admitir que existe uma convergência de ideias no que diz respeito ao sector das deslocações em automóvel. Os inquéritos no terreno revelaram também que, no Distrito de Bamako, o meio de transporte utilizado atualmente pela maioria dos citadinos é a motocicleta com 30%, seguido do veículo de transporte público com 23,33%, e depois o automóvel particular com 11,33%.

O relatório da Organização de Cooperação e de Desenvolvimento Económicos, publicado em 2002, intitulado Road traffic demand: meeting the challenge, sublinhava o facto de o crescimento demográfico urbano, quase incontrolado em todas as cidades, nomeadamente na África subsariana, conduzir a uma grande procura de mobilidade urbana.

No distrito de Bamako, as deslocações são feitas a pé, de mota, de veículo e de triciclo para chegar aos locais de trabalho e de residência ou para transportar mercadorias. Uma vez que o distrito de Bamako é o principal centro de atividade económica do país, a população urbana tem uma grande mobilidade ao longo do dia. O aumento da procura de mobilidade deve-se aos seguintes seis factores: crescimento económico, aumento dos rendimentos, aumento da propriedade de automóveis particulares, melhorias no sistema de transportes, concorrência entre transportes públicos e privados e alterações demográficas. Todos estes estudos convergem para o nosso, mesmo que os locais sejam diferentes.

Os veículos que circulam nas estradas do distrito de Bamako são velhos. Quanto mais velho é o veículo, mais complexa é a sua manutenção e mais polui o ar. Nesta investigação de tese, 90% dos inquiridos afirmaram que a idade dos veículos é um fator que leva à aquisição de uma boa qualidade do ar no Distrito de Bamako e 88,07% dos veículos que circulam no Distrito de Bamako têm 16 anos. De acordo com o Sr. GOUME, AEDD, entrevistado em 2022, afirma que 50% dos veículos em circulação em Bamako têm mais de 15 anos.

Além disso, segundo CAMARA F.S., na sua dissertação de mestrado I intitulada: "Poluição atmosférica na África subsaariana (Transportes), inventário das redes de monitorização" na Universidade de Borgonha, defendida em 2014, afirma que as emissões de gases de escape dos veículos a motor assumem proporções cada vez mais preocupantes em Cotonou". E que "a origem dos gases está nos veículos usados com pelo menos 12 anos, retirados da estrada nos países desenvolvidos e recuperados no Benim". Cotonou, como muitas outras capitais da África subsariana, sofre do fenómeno dos carros velhos importados da Europa. Mas, como já referimos, não é fácil parar este mercado, que é atualmente o mais acessível para as populações locais. A instalação de uma rede capaz de fornecer um fluxo de dados poderia muito provavelmente servir de argumento para as autoridades locais tomarem medidas específicas relativamente à importação de veículos antigos. Todos estes estudos corroboram os nossos. No que lhe diz respeito, estes estudos convergem na mesma direção que os nossos, porque hoje, no distrito de Bamako, os estudos realizados mostraram que a maioria dos automóveis tem 16 anos ou mais. Com uma amostra de 150 carros, 88% têm 16 anos ou mais, em comparação com 12%. A CT utiliza os carros mais antigos.

A qualidade do combustível consumido pelos veículos prejudica a boa qualidade do ar em certos pontos do distrito de Bamako. Mesmo que não se trate de um problema grave como o das partículas no distrito de Bamako, devem ser tomadas medidas preventivas para o atenuar. Esta investigação demonstrou que o combustível utilizado pelos nossos veículos é de má qualidade e constitui um fator de deterioração da qualidade do ar no Distrito de Bamako: 74,7% da população inquirida confirmou-o, tal como o Banco Mundial, que publicou um estudo em janeiro de 2010 intitulado "Estudo sobre a qualidade do ar em Bamako" e afirmou que a má qualidade do combustível tem um impacto grave na qualidade do ar. Durante este estudo realizado no Distrito de Bamako, ficou claro que o combustível (gasolina e gasóleo) utilizado é de má qualidade. Este facto foi confirmado por um inquérito à população-alvo. 74,7% dos inquiridos afirmaram que a qualidade do combustível tinha um impacto negativo na qualidade do ar. O teor de enxofre dos combustíveis utilizados no distrito de Bamako é excedido. O gasóleo tem um teor de enxofre muito elevado (10.000 ppm). Isto resulta em emissões elevadas de dióxido de enxofre.

Na revista número 01, Public Eye, publicada em setembro de 2016, Dirty Diesel, afirma-se que, em África, o teor de enxofre da gasolina e do gasóleo é várias centenas de vezes superior ao limite permitido na Europa. Em oito países africanos, onde foram recolhidas amostras em estações de serviço "suíças", o gasóleo vendido continha até 380 vezes mais enxofre do que a norma europeia. Há duas causas para esta poluição, que atinge níveis dramáticos e explica as discrepâncias observadas entre a Europa e a África, apesar de esta última ter menos veículos. Em primeiro lugar, a maior parte dos automóveis e camiões que circulam a sul do Sara são importados em segunda mão (cerca de 85% na África Ocidental). Estes veículos, que se tornaram indesejáveis na Europa, consomem mais combustível e não estão equipados com as mais recentes tecnologias de controlo das emissões. Por conseguinte, poluem mais do que o "necessário". Este problema é conhecido há muito tempo. Os Estados Unidos e a Europa reagiram reduzindo drasticamente o limite de enxofre admissível para 15 ppm (partes por milhão) e 10 ppm, respetivamente. Em África, apesar de progressos significativos em certas regiões, muitos países continuam a autorizar a venda de combustíveis com um elevado teor de enxofre. À escala continental, o limite médio é de 2.000 ppm, ou seja, 200 vezes o nível autorizado na Europa. Alguns países, como o Mali e o Congo-Brazzaville, fixaram um limite de 10 000 ppm. Ora, a CEDEAO, cujo objetivo é harmonizar as especificações dos combustíveis (gasolina e gasóleo) e os limites de emissão dos veículos e máquinas da região, fixou um limite de 50 ppm de enxofre para a gasolina e de 50 ppm de enxofre para o gasóleo. Todas estas reflexões corroboram as nossas.

Neste estudo, verificámos que a matéria particulada era o poluente dominante em vários locais de amostragem no distrito de Bamako.[33] A $PM_{10}$, que não deve exceder 45µg/m segundo a Organização Mundial de Saúde, atingiu uma média de 99,15µg/m durante o mês de abril na margem direita.[33] Por outro lado, o $PM_{2.5}$, que a OMS fixa em 15µg/m, atingiu uma média de 44,59µg/m . Assim, as partículas provenientes de uma grande variedade de fontes são a principal ameaça no distrito de Bamako. [10] Segundo MAÏGA Y., al, num artigo científico publicado em 2022, intitulado: étude caractéristique de la pollution de l'air à Bamako (Mali), a concentração de PM encontrada indica uma zona de ultrapassagem significativa dos valores-guia de concentração fixados pela OMS.

[10] CAMARA F.S., na sua tese de mestrado intitulada: "question de la pollution atmosphérique en Afrique sub-saharienne (Transports), état des lieux des réseaux de surveillance" na Universidade de Borgonha, defendida em 2014, afirma que tudo é que, no que diz respeito à nossa área de estudo, deduzimos que as PM não estarão fortemente ligadas aos transportes". [10] Conclui-se assim que os transportes são os principais responsáveis pela poluição por PM. [2.5] Além disso, o relatório de 2022 do Departamento do Ambiente e do Governo Local, intitulado "An Introduction to Air Quality in New Brunswick", indica que a fonte mais comum de PM é a combustão de combustíveis orgânicos (madeira, petróleo, gás natural, carvão, etc.), incluindo o escape de veículos, o

aquecimento doméstico e as emissões industriais. Outras fontes típicas, como o pó das estradas, contribuem relativamente pouco para as partículas.

102.5Para além das partículas (PM e PM ), os dióxidos de enxofre e de azoto, citados pela OMS na sua diretriz para 2021, são poluentes atmosféricos importantes cujos limites não devem ser ultrapassados. [3] Estes são de 40 µg/m e 25 µg/m$^3$ (Organização Mundial de Saúde, 2021) durante 24 horas.

Estes poluentes, que variam consoante a época do ano e as condições climatéricas, estavam presentes em quantidades suficientes em alguns locais e noutros no distrito de Bamako. Em ciência, nada pode ser negligenciado, por mais pequeno que seja. Os resultados mostraram que durante certos períodos de amostragem, nomeadamente o mês de agosto, o dióxido de enxofre foi recolhido em quantidades suficientes em 3 de 10 locais e em janeiro em 5 de 10 locais. [3] Quanto ao dióxido de azoto, está presente no ar em quantidades muito suficientes, com uma média de 122,16µg/m na margem direita do distrito de Bamako. Estão presentes no ar e podem deteriorar a qualidade do ar a curto prazo. O Banco Mundial, no seu relatório publicado em janeiro de 2010, intitulado "Estudo sobre a qualidade do ar em Bamako", constatou que a poluição por óxidos de azoto e enxofre não era preocupante, por enquanto, no distrito de Bamako.

Finalmente, o poluente secundário, o ozono, que é um poluente atmosférico com consequências muito perigosas para os seres humanos e o ambiente, foi nulo em todos os locais, exceto em Malilait sa e durante o mês de janeiro. Considerando que a presença de ozono, em vários estudos, está ligada ao calor elevado e à grande intensidade do tráfego rodoviário. Como o Instituto Nacional do Ambiente Industrial e dos Riscos (INERIS) demonstrou no seu relatório intitulado "Poluição pelo ozono na atmosfera: decifrar o problema", o ozono forma-se nas camadas inferiores da atmosfera durante o verão, sob o efeito das radiações solares quando as temperaturas são elevadas. No distrito de Bamako, o mês de abril e o início de maio são os períodos que correspondem a este princípio, mas foi nulo. Por outro lado, em janeiro, quando a temperatura é baixa, a sua presença foi observada no cruzamento Malilait sa, Bakarybougou. Perto do local de amostragem, existe um serviço de reparação de congeladores por conta do Ministério da Saúde, o Service d'Entretien du Parc Automobile et Matériel (SEPAUMAT), que faz parte da Diretion Nationale de la Santé Publique. No decurso do seu trabalho, emitem COVs, que contribuem em grande medida para a formação de ozono troposférico. Ainda de acordo com o INERIS, na sua publicação intitulada "Poluição atmosférica pelo ozono: decifrar a situação", afirma que o cenário de "redução das emissões do tráfego rodoviário" evidencia um comportamento particular nas grandes aglomerações urbanas, como Paris e Lyon, onde a redução das emissões é acompanhada de um aumento das concentrações de ozono. Esta tendência resulta de um fenómeno bem conhecido, a redução da titulação, que é um fenómeno essencialmente noturno de destruição do ozono pelos óxidos de azoto nas zonas em que estes são emitidos em grande quantidade (quando favorecem a produção de ozono durante o dia). No entanto, o tráfego nas auto-estradas não é a única fonte de poluição atmosférica. Existem outras fontes, como a indústria, os lares, as padarias, etc., que devem ser exploradas.

## 4.3. Soluções propostas

O ar é essencial para a sobrevivência humana. O ar puro é essencial para a saúde e o bem-estar humanos. (Organização Mundial de Saúde, 2021). A atmosfera protege a vida na terra porque absorve os raios ultravioletas do sol. Por conseguinte, no distrito de Bamako, os comportamentos humanos ligados às actividades económicas, em particular, têm um impacto negativo na qualidade do ar. Assim, dada a importância do ar na nossa vida, devemos fazer tudo o que estiver ao nosso alcance para garantir um ambiente de vida adequado. Por conseguinte, apresentamos as seguintes propostas:

Limitar a idade dos veículos importados para o Mali, uma vez que não existe limite de idade para a importação de veículos. Em vez disso, o Mali concentrou-se no custo de fazer negócios. Quanto mais velho for o veículo, mais elevado é o custo da atividade comercial. O melhor seria fixar um limite de idade com base na experiência de peritos na matéria e na adoção de uma lei sobre a idade dos veículos.

A procura de combustíveis de qualidade, que conduzirá a uma redução do teor de enxofre dos combustíveis. O Mali pode não ser um produtor de combustíveis, mas pode exigir aos seus fornecedores combustíveis de qualidade, mesmo que isso custe muito caro; a revisão do Plano Diretor de Urbanização e Desenvolvimento de 1981, tendo em conta todas as dificuldades que a população da cidade enfrenta atualmente, nomeadamente os problemas de saneamento, de mobilização, de infra-estruturas rodoviárias, de reserva de espaços verdes, de habitação, de comércio, etc., e pensando também em descongestionar a cidade de Bamako através da criação de novos pólos de desenvolvimento. Ao mesmo tempo, é necessário descongestionar a cidade de Bamako através da criação de novos pólos de desenvolvimento.

A criação de um laboratório móvel permitirá medir em tempo real os diferentes poluentes atmosféricos nocivos para a saúde humana. O laboratório será responsável pelo controlo da poluição atmosférica ambiente, pela informação regular do público sobre o estado da qualidade do ar, pelo fornecimento de relatórios mensais sobre a poluição atmosférica, pela avaliação das descargas poluentes e pela promoção da criação de um centro de controlo da qualidade do ar (COQA) sob a supervisão da DNACPN.

A sensibilização regular do público para a necessidade de usar supressores de poeiras ajudará a reduzir as doenças relacionadas com os poluentes. A reflorestação das bermas de alcatrão também ajudará a reduzir a dispersão dos poluentes. É necessário elaborar normas para o Mali, seguindo o exemplo do Senegal. Sensibilizar o público para a necessidade de manter as infra-estruturas rodoviárias e ordenar a incineração dos resíduos tóxicos são medidas muito solicitadas. A deslocalização das unidades industriais para longe das habitações no distrito de Bamako e a adoção de uma série de textos jurídicos específicos relativos à proteção da qualidade do ar são necessárias. A aplicação rigorosa das convenções internacionais e sub-regionais em conformidade com os objectivos fixados para o Mali e o reforço da capacidade operacional da sede da DUBOPE em matéria de proteção do ambiente são medidas essenciais.

O desenvolvimento de uma política sustentável de gestão de resíduos e a manutenção regular e sustentada das estradas do distrito de Bamako são soluções eficazes para um ambiente saudável. O desenvolvimento dos transportes públicos conduzirá a uma redução do número de veículos e, por conseguinte, a uma redução das emissões. O desenvolvimento da deslocação a pé não só reduzirá as emissões poluentes, como também combaterá o sedentarismo, que é a causa de muitas doenças. O desenvolvimento dos veículos eléctricos, das energias renováveis (biomassa, eólica, solar) e o envolvimento da população na gestão ambiental, através do incentivo às associações de proteção do ambiente, reduzirão o impacto negativo dos transportes urbanos do distrito de Bamako na qualidade do ar.

# CONCLUSÃO

Esta tese é uma contribuição para o estudo da caraterização da poluição atmosférica na cidade de Bamako. A investigação, baseada essencialmente na determinação das concentrações de poluentes, analisa o impacto do tráfego das auto-estradas na qualidade do ar em dez locais principais do distrito de Bamako. $_{102.5}$O estudo incidiu sobre os poluentes PM , PM , dióxido de enxofre, dióxido de azoto e ozono, que medimos utilizando o sensor aeroqual série 500 com cabeças intercambiáveis.

A investigação começou por analisar o quadro institucional e regulamentar da poluição em geral, e da poluição atmosférica em particular, na República do Mali. Esta análise revelou que o Mali não dispõe atualmente de normas regulamentares.

Foi determinado o impacto da urbanização mal controlada na qualidade do ar. Bamako tem uma das taxas de urbanização mais elevadas da África subsariana. Esta urbanização caracteriza-se pela ocupação anárquica dos espaços em violação do Schéma Directeur d'Urbanisme et d'Aménagement du Territoire de 1981. Apesar das revisões de 1990 e 1995, este plano diretor já não responde eficazmente às realidades actuais. Assim, de 150 habitantes de Bamako, 51,3% afirmam que a urbanização é uma das causas da poluição atmosférica em Bamako, contra 48,7%.

O estudo descreve igualmente o estado das infra-estruturas rodoviárias e o seu impacto na qualidade do ar. $_{102.5}$A dimensão das poeiras geradas pelo tráfego durante a longa estação seca é responsável por concentrações sem precedentes de PM e PM . Estes resultados corroboram os obtidos nos inquéritos às populações-alvo. Assim, 111, ou seja, 74% dos inquiridos declararam que o estado das infra-estruturas rodoviárias no distrito de Bamako é mau e 128, ou seja, 85,3% declararam que o mau estado das estradas contribui para a deterioração da qualidade do ar no distrito de Bamako.

A intensificação da mobilidade ligada às necessidades e ao crescimento demográfico são factores que explicam a deterioração da qualidade do ar. No entanto, a participação da indústria, das padarias e dos agregados familiares está a aumentar. No total, 11,33% dos bamakenses deslocam-se em automóvel particular e 23,33% em transportes públicos, embora o meio de transporte mais utilizado atualmente seja o moto-táxi (41,7%).

Do mesmo modo, a obsolescência do parque automóvel e de motociclos não é um fator menos importante na deterioração da qualidade do ar ambiente. Os automóveis antigos emitem poluentes.

Os inquéritos revelaram que a maioria dos automóveis tem mais de 16 anos. A maioria tem entre 17 e 32 anos. De acordo com 90% dos inquiridos, a idade dos veículos tem uma grande influência na qualidade do ar.

Por último, foi também referida a má qualidade do combustível. Muitos pontos de venda são abastecidos com combustíveis não limpos. Estes escapam ao controlo de qualidade e, consequentemente, emitem chumbo para a atmosfera. Muitos utilizadores queixaram-se da qualidade do combustível fornecido. A ONAP, por seu lado, afirma que o gasóleo importado para o Mali é muito rico em enxofre (10.000 ppm) e contém grandes quantidades de dióxido de enxofre.

Em suma, existem vários factores que afectam a qualidade do ar ambiente em Bamako, incluindo o tráfego nas auto-estradas. A concentração de poluentes determinada para este efeito apresenta uma grande variação no tempo e no espaço. ₁₀₂.₅Por exemplo, PM e PM . ₁₀³³³³³PM foram muito elevadas durante o mês de abril nos locais da margem direita: entrada da auto-estação de Sogoniko (132,84μg/m ), Tour de l'Afrique (49,81μg/m ), cruzamento do semáforo de Kalabancoura (106,74μg/m ), cruzamento Bacodjicoroni - Kalabancoro (170,79μg/m ), excedendo largamente a recomendação da OMS de 45μg/m . ₂.₅³O PM também é importante porque também está presente em vários locais de amostragem, excedendo a recomendação da OMS de 15 μg/m durante o mês de abril. No entanto, os níveis mais elevados foram registados na margem direita do distrito de Bamako, nos seguintes locais ³³³³³intersecção Lycée Kankou Moussa (96,07 μg/m ), entrada da estação de autocarros de Sogoniko (26,09 μg/m ), Tour de l'Afrique (17,79 μg/m ), intersecção do semáforo de Kalabancoura (51 μg/m ) e intersecção Bacodjicoroni-Kalabancoro (32 μg/m ).

O dióxido de enxofre foi mais prevalente em ambos os lados do distrito de Bamako durante o mês de janeiro. Locais como : ³³³³³³Rotunda da Place de l'indépendance (53,37 μg/m ), intersecção de Alqoods (81,84 μg/m ), curva de Banconi (67,6 μg/m ), intersecção de Malilait sa (58,11 μg/m ) e intersecção de Bacodjicoroni-Kalabancoro (42,69 μg/m ) excedendo a recomendação da OMS, fixada em 40 μg/m durante 24 horas. No entanto, os níveis mais elevados foram registados na margem esquerda do distrito de Bamako.

Em abril, o dióxido de azoto estava presente em quantidades suficientes principalmente em locais da margem direita. [33333]Locais como o cruzamento do Lycée Kankou Moussa Daoudabougou (106,74 µg/m ), a entrada da estação de autocarros de Sogoniko (115,05µg/m ), o Tour de l'Afrique em Faladjiè (91,32µg/m ) e o cruzamento dos semáforos de Kalabancoura (155,37µg/m ) ultrapassaram largamente a recomendação da OMS de 25 µg/m durante 24 horas. Por fim, o ozono só foi registado durante o mês de janeiro num local, Malilait sa.

Assim, no distrito de Bamako, devem ser tomadas medidas para atenuar a poluição por partículas ligada ao estado das infra-estruturas rodoviárias a curto prazo. Para além disso, devem ser tomadas e implementadas decisões em relação a outros poluentes atmosféricos a longo prazo.

A primeira hipótese, relativa ao quadro institucional e regulamentar em matéria de poluentes atmosféricos, é confirmada, uma vez que o Mali dispõe de instituições, mas verificou-se que não existe uma norma regulamentar que fixe os limiares que não devem ser ultrapassados, nem equipamentos de amostragem do ar.

A segunda hipótese é que Bamako é uma cidade onde a taxa de urbanização continua a ser muito elevada e é confrontada com uma ocupação anárquica do seu espaço que tem impacto na qualidade do ar ambiente. Esta hipótese é igualmente confirmada pelo facto de o Plano Diretor de Desenvolvimento Urbano de 1981, ainda em vigor apesar de várias revisões, já não corresponder às normas e exigências actuais. A SDU deve evoluir em função da evolução das necessidades da população. De um total de 150 pessoas, todas residentes em Bamako, 77

(51,3%) afirmaram que a urbanização é uma das causas da poluição atmosférica em Bamako, contra 73 (48,7%).

A terceira hipótese, que diz respeito ao estado das infra-estruturas rodoviárias e ao seu impacto na qualidade do ar, é confirmada pela opinião de 85,3% dos inquiridos, que apontam para o papel das infra-estruturas rodoviárias na deterioração da qualidade do ar no distrito de Bamako.

A quarta hipótese, que colocava a tónica no impacto da mobilidade urbana na qualidade do ar em Bamako, foi confirmada, na medida em que o ar é consideravelmente afetado nos bairros com tráfego pesado em comparação com os bairros com tráfego ligeiro. A maior concentração de poluentes encontra-se na margem direita do distrito de Bamako, uma vez que esta margem é a junção das estradas que conduzem a muitas das regiões do Mali e é a zona de estacionamento da maioria dos jactos jumbo e das companhias de viagens. Nas deslocações, 30,9% dos habitantes da cidade utilizam os transportes públicos e 24,3% utilizam o automóvel particular.

A quinta hipótese, que salientava o impacto dos veículos antigos na qualidade do ar, foi confirmada por 90% da base de amostragem, contra apenas 10%.

A última hipótese relativa ao impacto da má qualidade do combustível consumido na qualidade do ar em Bamako foi confirmada, na medida em que 74,7% dos inquiridos acusam a qualidade do combustível contra 25,3%. Os dados da ONAP também confirmam esta hipótese, uma vez que o gasóleo importado para o Mali contém níveis muito elevados de enxofre (10.000 ppm), o que provoca uma libertação considerável de dióxido de enxofre no ar, especialmente no distrito de Bamako, onde existe uma frota muito grande de veículos.

# BIBLIOGRAFIA

## 1. Obras gerais


BENCHMARK INTERNACIONAL (2020). Nouvelles mobilités et infrastructures routières, 237p.

BILLARD T., (2017). Estrutura, composição e papel da atmosfera, CNRS Hospices civils de Lyon Paris, 29p.

CANIVET G., al. (2006). Manuel judiciaire de droit de l'environnement, 267p.

DIARRA B. , al, (2003). Estrutura urbana e dinâmica espacial em Bamako, Mali, éditions Donniya, 179p.

Frans C. e Lemaire E., (1975). Dictionnaire de l'environnement, 322 p.

LY H., dezembro (2009). Promenade urbaine et architecturale dans le Mali des cités et des villages, publicado por La Ruche à Livre, Bamako, 152 p.

MEILLASSOUX C., (1963). Histoire et institutions du kafo de Bamako d'après la tradition des Niaré. In: Cahiers d'études africaines, volume 4, n°14, 41 p.

ORGANIZAÇÃO PARA A COOPERAÇÃO E O DESENVOLVIMENTO ECONÓMICO, (2002). Road Traffic Demand: Meeting the Challenge, OECD Publishing, 2, Paris cedex 16, No. 52490, 215p.

ORGANIZAÇÃO MUNDIAL DE SAÚDE, (2021). WHO Air Quality Guidelines, Centro Europeu para o Ambiente e a Saúde da OMS, D-53113 Bona, Alemanha, 16 p.

TRIPLETO P., (2017). Dicionário enciclopédico da diversidade biológica e da conservação da natureza, terceira edição, 1056 p.


## 2. Publicações especializadas

Agence de l'Environnement et de la Maitrise de l'Energie, qualidade do ar: orientações estratégicas da ADEME para 2015-2020, 24p.

BODART, O., (2020). Mobilidade nas cidades e poluição atmosférica: a equação insolúvel? 31p.

BOURGUIGNON B., (2018).  Qualidade do ar: Fontes de poluição e seus efeitos, legislação da União Europeia e acordos internacionais 68 p.

Comissariado Geral para o Desenvolvimento Sustentável, (2009). Os transportes e o ambiente: comparações europeias. No. 3, 40 p.

DUCHESNE L. MEDINA S., (2016). Estudos de intervenção sobre a qualidade do ar: que efeitos na saúde? 43 p.

Instituto Nacional do Ambiente Industrial e dos Riscos, (2020). Poluição atmosférica pelo ozono: decifrar, 8 p.

## 3. Teses/dissertações

BRENN L., (2010). O futuro do sector automóvel num contexto de desenvolvimento sustentável: uma solução sustentável para o motor a gasolina. Ensaio para o mestrado em ambiente na Université de Sherbrooke, Québec, Canadá 86 p.

CAMARA S., (2014). Questão da poluição atmosférica na África Subsaariana (Transportes): estado da arte das redes de monitorização, Mestrado I TMEC na Universidade de Borgonha, 35 p.

DOUMBIA EHT, (2012). Caracterização físico-química da poluição atmosférica urbana na África Ocidental e estudo do impacto na saúde, tese para a atribuição do grau de Doutor na Universidade de Toulouse III, 243 p.

EMERY, J., (2012). La qualité de l'air liée au transport routier en milieu urbain : analyse des concentrations en oxydes d'azote sur l'agglomération dijonnaise, université de Bourgogne, UFR de sciences humaines géographie et aménagement du territoire, mémoire pour l'obtention du diplôme de Master 2 Transport, Mobilité-Environnement, Climat, 83 p.

Florian VENDEL F., (2011). Modélisation de la dispersion atmosphérique en présence d'obstacles complexes : application à l'étude de sites industriels, tese defendida na Universidade de Lyon, Ecole doctorale MEGA : Mécanique-Energétique, N° d'ordre : 2011-11, 368 p.

LEES L., (2020). Etude de la vapeur d'eau atmosphérique à partir de données GNSS dans le bassin sud-ouest de l'océan Indien et application à l'étude du climat, tese defendida na Université de la Réunion, Spécialité doctorale "Physique de l'atmosphère, 183 p.

PUENTE-LELIEVRE C., (2009). La qualité de l'air en milieu aéroportuaire : étude sur l'aéroport Paris-Charles-De Gaulle, Université Paris XII - Val de Marne, Ecole doctorale Sciences et Ingénierie :

Matériaux - Modélisation - Environnement, pour l'obtention du grade de Docteur en Sciences de l'Univers et de l'Environnement, 204 p.

NDONG, A., (2019). Poluição do ar exterior e interior em Dakar (Senegal): Caracterização da poluição, impacto toxicológico e avaliação epidemiológica dos efeitos na saúde. Université Cheikh Anta Diop de Dakar Ecole Doctorale Sciences de la Vie, de la Santé et de l'environnement (ED-SEV) e Université du Littoral Côte d'Opale Ecole Doctorale Science de la Matière du Rayonnement et de l'Environnement (ED-SMRE), 197 p.

PRUVOST B. e YVESV, (2010). <u>Será possível uma "China verde"? O estado atual da poluição na China, a resposta do governo chinês e uma ilustração do envolvimento de uma ONG francesa no sudoeste da China</u>, l'UFR de science politique de l'université Paris 1 - Panthéon-Sorbonne, 134 p.

## 4. Relatórios

Banco Mundial, (2011). °République du Mali analyse environnementale du milieu urbain Volume 1, N 60788-ML, 69 p.

Banco Mundial, (2011). °République du Mali analyse environnementale du milieu urbain Volume 1, N 60788-ML, 97 p.

Banco Mundial, (2011). °République du Mali analyse environnementale du milieu urbain : Profil environnemental des villes de Bamako, Gao, Mopti et Sikasso, Volume 2, N 60788-ML, 53 p.

Banco Mundial, (2010). Estudo da qualidade do ar em Bamako, 132p.

Banco Mundial, (2003). The Sub-Saharan Africa Air Quality Initiative 1998 - 2002, N°11, 82 p.

Conselho da Europa, (2000). O ambiente no meio urbano, N°94, 49p

Consult STEP, (2018). O sector privado na gestão de resíduos urbanos no distrito de Bamako, 118 p.

Cour des Comptes, (2020). Políticas de luta contra a poluição atmosférica, 202 p.

Delegação da União Europeia no Mali, (2018). Perfil ambiental do Mali, 148 p.

Direção-Geral da Proteção Civil, (2019). Avaliação rápida dos danos, perdas e necessidades pós-inundação em Bamako, 126 p.

DELETRAZ G. et al (1998). Etat de l'art pour l'étude des impacts des transports routiers à proximité des routes et autoroutes, n° 97 93 022, 144 p.

DNP, (2018). Relatório de acompanhamento da execução das acções da campanha nacional de divisão demográfica no Mali em 2018, 54 p.

Direção Nacional das Rotas, (2018). Etudes Economique, Environnementale et Sociale et d'Avant - Projet Détaillé (APD) des travaux de réhabilitation de voiries urbaines dans le District de Bamako, 115 p.

Governo da República do Mali, (2019). Políticas de mobilidade sustentável e acessibilidade nas cidades do Mali, 54 p.

Governo da República do Mali, (2019). Avaliação rápida dos danos, perdas e necessidades pós-inundação em Bamako, 126 p.

Instituto Nacional de Estatística, (2012). 4 $^{\text{ème}}$recensement général de la population et de l'habitat du Mali (RGPH-2009), 88 p.

MAIGA Y., (2016). Estado dos recursos sobre a aplicação das convenções do Rio no Mali e identificação das lacunas e necessidades com vista a atingir os seus objectivos, 64 p

Ministère des Affaires Foncières de l'Urbanisme et de l'Habitat, (2021). Quadro de gestão ambiental e social, 215 p.

Departamento do Ambiente e do Governo Local, (2022). Introduction to Air Quality in New Brunswick, 25 p.

Ministério do Equipamento, dos Transportes e da Abertura (2015). Política nacional dos transportes, das infraestruturas de transporte e do desenvolvimento, 35 p.

Ministério do Urbanismo e da Política Urbana, (2014). Política Urbana Nacional, 18 p.

Organização Mundial de Saúde, (2021). Diretrizes da OMS sobre a qualidade do ar, 16 p.

Organização Mundial de Saúde, (2020). O poder das cidades: Combater as doenças não transmissíveis e as lesões causadas pelo tráfego rodoviário, 94 p.

SENAT, (2015). Sessão extraordinária de 2014-2015, tomo 1, N° 610, Journal Officiel-édition des Lois et Décrets du 9 juillet 2015, 306 p.

Public Eye (2016). *Dirty Diesel. N°1*, 28 p.

## 5. Artigos

ANDRE M. e EUGENIE B., (2015). Avaliar o impacto de um PDU: questões de emissão de poluentes atmosféricos, edições Nec Plus, 12 p.

BESSAGNETB., (2019). Air pollution in China, annales des mines - responsabilité et environnement, 2019/4, N° 96, Éditions F.F.E., 3 p.

CHARPIN. D., al, (2016). A poluição atmosférica e os seus efeitos na saúde respiratória, 25 p.

DIALLO B. et al. (2020). Etalement urbain à Bamako : facteurs explicatifs et implications, Afrique Science Revue Internationale des Sciences et Technologies, 16 p.

FOFANA I. e TOGOLA I., (2020). Urbanisation et nouveaux modes de transport urbain en Afrique de l'Ouest : cas de la ville de Bamako (Mali), volume 16, 19 p.

KONE D. et al. (2020). Analyse de la dynamique industrielle au Mali, Vol. 01 No 24 Revue Malienne de Science et de Technologie, 10p.

GARREC J.P, (2019). Qual é o impacto dos poluentes atmosféricos na vegetação? 15 p.

GLANDUS L. e BELTRANDO G., (2013). Deslocações urbanas e poluição atmosférica nas cidades intermédias: questões políticas e ambientais, NOROIS N° 226, 15 p.

GOBERT J., (2013). Mobilité et lutte contre la pollution atmosphérique : la difficile conciliation des exigences environnementales et de l'équité sociale dans l'instauration d'une zone à basse émission, Cahiers de géographie du Québec, volume 57, número 161, 20 p.

GUINOT B., (2008). Air pollution and urban development in China, dossier N°2008/4, 9 p.

JOUMARD R., (2003). Les enjeux de la pollution de l'air des transports, actes, n°92, tome / Vol. 1, França, 7 p.

MAIGA Y. et al (2022). Estudo caraterístico da poluição atmosférica em Bamako (Mali). GSJ: Volume 10, 10 p.

NOWAK D.J & VAN DEN BOSCH M., (2018). The effects of trees and forest on air quality and human health in and around urban areas, 11 p.

OUATTARA I. et al, (2021). Acteurs et stratégies de gestion des déchets solides ménagers à Bamako, Revue Africaine des Sciences Sociales et de la Sante Publique, Volume (3) N° 2, 14 p.

### 6. Leis e decretos

Lei n.º 2021-032 de 24 de maio de 2021 sobre poluição e perturbações, 44 p.

https://sgg-mali.ml/JO/2021/mali-jo-2021-16.pdf. Acedido em 23 de abril de 2022.

Decreto n°01 -397/P-RM de 06 de setembro de 2001 que estabelece as modalidades de gestão dos poluentes atmosféricos, 4 p.

https://faolex.fao.org/docs/pdf/mli49665.pdf. Acedido em 22 de fevereiro de 2022.

### 7. Conceção Web

Fundo das Nações Unidas para a Infância (UNICEF), (2016). A poluição mata 600.000 crianças em todo o mundo todos os anos,

https://www.scidev.net/afrique-sub-saharienne/news/pollution-tue-600-000-enfants-chaque-annee-monde/. Acedido em 5 de janeiro de 2022 .

Organização Mundial de Saúde, (2014). Comunicado de imprensa Genebra. 7 milhões de mortes prematuras estão ligadas à poluição do ar todos os anos,

https://www.who.int/fr/news/item/25-03-2014-7-million-premature-deaths-annually-linked-to-air-pollution. Acedido em 20 de setembro de 2020

MCFARLANE C et al (2021). Primeiras medições de partículas 2,5 no ambiente em Kinshasa (República Democrática do Congo) e Brazzaville (República do Congo) utilizando sensores de baixo custo calibrados no terreno. Volume 21, Número 7, 31 p.

https://www.scidev.net/afrique-sub-saharienne/news/une-surveillance-de-la-qualite-de-lair-simpose-a-brazzaville-et-kinshasa. Acedido em 5 de janeiro de 2022

Journal Scientifique et Technique du Mali, (2016). Poluição atmosférica de Bamako: o nível de alerta.

https://www.jstm.org/pollution-de-lair-bamako-la-cote-dalerte/. Acedido em 5 de janeiro de 2022

MEILLASSOUX C. (1963). *Histoire et institutions du kafo de Bamako d'après la tradition des Niaré* (Vol. 1-vol. 4). Cahiers d'études africaines.

https://doi.org/10.3406/cea.1963.3718, Acedido em 8 de janeiro de 2022.

DIAF N. et al : Paramètres Influençant la Dispersion des Polluants Gazeux, Rev. Energ. Ren: ICPWE (2003), 4 p.

https://www.researchgate.net/publication/228778677_Parametres_influ encant_ladispersion_des_polluants_gazeux. [er]Acedido em 1 de fevereiro de 2022.

Os fóruns infoclimat, (2006). Todas as definições dos principais termos meteorológicos.

https://forums.infoclimat.fr/f/topic/35442-toutes-les-d%C3%A9finitions-des-principaux terms-m%C3%A9t%C3%A9orological/. Acedido em 3 de fevereiro de 2022.

Youmatter, Urbanização: definição, evolução do fenómeno, causas e consequências.

https://youmatter.world/fr/definition/urbanisation-definition-causes-consequences /. Acedido em 23 de abril de 2022.

Géo-confiance, recursos de geografia para professores, 3 p. http://geoconfluences.enslyon.fr/glossaire/urbanisation1/@@download _pdf?id=urbanisation1. Acedido em 23 de abril de 2022.

Guermazi WASSIM, no seu curso de poluição e perturbações, secção: LFSNA3 de 2016 a 2017, 53 páginas.

http://www.fsg.rnu.tn/imgsite/cours/Cours%20pollution%20et%20nuis ance %20final.pdf/. Acedido em 25 de abril de 2022.

BAUER E. et al. (2019). Poeira do deserto, industrialização e incêndios agrícolas: impactos na saúde da poluição do ar exterior em África, Journal of Geophysical Research: Atmospheres, 17 p. https://doi.org/10.1029/2018JD029336 . Acedido em 19 de abril de 2023.

BURNETTA R. et *al*, (2018). Global estimates of mortality associated with long-term exposure to outdoor fine particulate matter, Volume 115, Issue 38, 6 p. https://www.pnas.org/doi/epdf/10.1073/pnas.1803222115. Acedido em 20 de abril de 2023.

State of Global Air, (2020). Um relatório especial sobre a exposição global à poluição atmosférica e os seus impactos, 28 p.

https://www.stateofglobalair.org/sites/default/files/documents/2020-10/soga-2020 report.pdf. Acedido em 20 de abril de 2023.

TRAORE M. A, (2010). Bamako: porque é que a poluição atmosférica está a piorar?https://www.afribone.com/bamako-pourquoi-la-pollution-de-lair-saggrave/. Acedido em 22 de abril de 2023.

Governo canadiano, (2013). Contaminantes atmosféricos de referência: óxidos de azoto, https://www.canada.ca/fr/environnement-changement-climatique /services/pollution-atmospherique/polluants/principaux-contaminants/oxydes-azote.html. Acedido em 22 de abril de 2023.

Actu-environnement. Dicionário do ambiente, https://www.actu-environ nement.com/ae/dictionnaire_environnement/definition/dioxyde_de_sou fre_s02.php4 Acesso em 23 de abril de 2023.

Direção Regional do Ambiente, do Ordenamento do Território e da Habitação, (2019). Poluentes atmosféricos monitorizados e regulamentados.

https://www.paca.developpement-durable.gouv.fr/les-polluants-atmospheriques-surveilles-et-a11763.html Acedido em 23 de abril de 2023

https://www.securite-routiere-az.fr/t/trafic/ consultado em 19 de setembro de 2023

https://www.techno-science.net/definition/1570.html consultado em 19 de setembro de 2023

https://www.larousse.fr/dictionnaires/francais/trafic/78916. Acedido em 19 de setembro de 2023

# Apêndice 1

## Questionário enviado à população do Distrito de Bamako

Bom dia, boa noite.

Agradecemos o preenchimento deste formulário no âmbito da nossa investigação de doutoramento no domínio do ambiente sobre o tema *"IMPACTOS DO TRÁFEGO RODOVIÁRIO NA QUALIDADE DO AR EM BAMAK"*. Agradecemos a sua contribuição para esta investigação, cujos resultados fornecerão informações vitais não só para os políticos, mas também para o público em geral.

Data :...../ ....../2022

Inicial do nome próprio e NAME/......./...../ Nível de ensino bac+/...../Male/      .../ Female/.../

1- Qual é a qualidade do ar no distrito de Bamako?

   Bom/.../Muito bom/.../Péssimo/.../Não sabe/.../Abstenção/.../...

2- Causas da poluição atmosférica no Distrito de Bamako (assinale as 6 causas mais importantes da poluição atmosférica em Bamako)

   Indústria /.../ Tráfego rodoviário /.... / Agricultura /.... / Pecuária /.../ Resíduos/..../

   Urbanização /.... / Idade do veículo /.../ Incineração /.... / Qualidade do combustível /.../

3. Qual é o estado das infra-estruturas rodoviárias no distrito de Bamako?

   Bom/.../Muito bom/.../Péssimo /.../Não sabe /..../Abstenção /.../

4. Estará a contribuir para a deterioração da qualidade do ar no distrito de Bamako?

Sim /.../ Não/..../Não sei/..../Abstenção/..../

5.  O tráfego nas auto-estradas tem impacto na qualidade do ar em Bamako?

    Sim/.../Não/..../Não sei/..../Abstenção/.../

    Em caso afirmativo, como?

    ...................................................................................................

    ............................................................................................

6.  Os poluentes como o dióxido de azoto, o dióxido de enxofre, as partículas
    (PM) e o ozono gerados pelo tráfego rodoviário têm impacto na saúde pública
    em Bamako?

    Sim/.../Não/..../Não sei/..../Abstenção/.../

7.  Que sugestões e propostas tem para proteger e promover o
    salvaguardar a qualidade do ar em Bamako?

    .......................................................................................................

    .......................................................................................................

    ..............................................................................

# Apêndice 2

**Guião de entrevista concebido para o Diretor Nacional de Saneamento e Controlo da Poluição e dos Incómodos, Diretor-Geral da Agência para o Ambiente e Desenvolvimento Sustentável. Agradecemos antecipadamente o vosso tempo.**

Prezada Senhora / Senhor

Agradecemos que nos conceda uma entrevista no âmbito da nossa investigação de doutoramento no domínio do ambiente sobre o tema "*o impacto do tráfego rodoviário na qualidade do ar em Bamako*". Agradecemos a sua contribuição, cujos resultados serão utilizados para combater este tipo de poluição no distrito de Bamako.

Data :...... / ...../2022

**Artigos**

**I.      Poluição**

1.1 Na tua opinião, o que é a poluição?

.................................................................................................................................

.................................................................................................

1.2 Quais são os diferentes tipos de poluição?

.................................................................................................................................

..............................................................................................

1.3. O que é a poluição atmosférica?

.................................................................................................................................

...............................................................................................

**II.      Qualidade do ar em Bamako**

2.1. Qual é a qualidade do ar em Bamako?

...................................................................................................

...................................................................................................

2.2. Causas da poluição atmosférica no distrito de Bamako (assinalar as 6 causas mais importantes)

Indústria /.../ Tráfego rodoviário /.... / Agricultura /.... / Pecuária /.../ Resíduos/..../

Urbanização /.... / Idade do veículo /.../ Incineração /..../ Qualidade do combustível /.../

2.3 Como é que o tráfego rodoviário afecta a qualidade do ar em Bamako?

...................................................................................................

...................................................................................................

2.4. Como é que a idade dos veículos afecta a qualidade do ar em Bamako?

...................................................................................................

...................................................................................................

**III. Consequências da poluição atmosférica em Bamako**

...................................................................................................

...................................................................................................

**IV.    Medidas legislativas adoptadas contra a poluição atmosférica no distrito de Bamako**

...................................................................................................

...................................................................................................

**V.    Meios de controlo da poluição atmosférica em Bamako**

...................................................................................................

...................................................................................................

**VI.    Impacto do tráfego rodoviário na qualidade do ar no distrito de Bamako**

...................................................................................................

**VII.   Sugestões e propostas para a proteção e salvaguarda da qualidade do ar em Bamako**



## Guia de entrevista concebido para o Diretor Regional do Urbanismo e da Habitação do Distrito de Bamako

Senhor, bom dia/boa noite.

Agradecíamos que nos concedesse uma entrevista no âmbito da nossa investigação de doutoramento no domínio do ambiente sobre o tema *"O impacto do tráfego rodoviário na qualidade do ar em Bamako"*. Agradecemos desde já a sua contribuição, que nos ajudará a combater este tipo de poluição.

Data :....../ ....../2022

**Artigos**

### I.  Desenvolvimento urbano

1.1 Na sua opinião, o que é a urbanização?



1.2 Qual é a sua opinião sobre o processo de urbanização do distrito de Bamako?



### II. Plano de desenvolvimento urbano

2.1. Quais são os diferentes planos de desenvolvimento urbano a que o distrito de Bamako foi submetido?

........................................................................................................................

........................................................................................

2.2. Na sua opinião, o atual plano de urbanização do distrito de Bamako é adequado? Porquê ou porque não?

........................................................................................................................

........................................................................................................................

..........................................................................

## III.	Urbanização e poluição atmosférica em Bamako.

3.1. Qual é a qualidade do ar no distrito de Bamako?

........................................................................................................................

........................................................................................

3.2. O plano de urbanização desatualizado tem impacto na qualidade do ar em Bamako?

........................................................................................................................

..........................................................................

## IV.	Sugestões e propostas para proteger e salvaguardar a qualidade do ar em Bamako.

........................................................................................................................

..........................................................................

**Guia de entrevista concebido para o Diretor da Regulamentação do Tráfego e dos Transportes Urbanos do Distrito de Bamako**

Agradecemos que nos conceda uma entrevista no âmbito da nossa investigação de doutoramento no domínio do ambiente sobre o tema *"o impacto do tráfego rodoviário na qualidade do ar em Bamako"*. Agradecemos desde já a disponibilidade do seu precioso tempo e a sua contribuição, cujos resultados nos ajudarão a combater este tipo de poluição no Distrito de Bamako.

Data :...../ ....../2022

**Artigos**

### I. Mobilidade urbana

1.1.Na sua opinião, o que é a mobilidade urbana no distrito de Bamako?

.................................................................................................................................

.........................................................................................................

1.2.O que é o plano de mobilidade urbana?

...........................................................................................................

........................................................................................................

### II. Planos de mobilidade urbana no distrito de Bamako

3.1.Quais são os diferentes planos de mobilidade urbana a que o distrito de Bamako foi submetido?

.................................................................................................................................

.........................................................................................................

3.2.Na sua opinião, o atual plano de mobilidade urbana do distrito de Bamako é adequado? Porquê ou porque não?

.................................................................................................................................

.........................................................................................................

**IV.** Consequências de um plano de mobilidade urbana desatualizado para uma cidade como Bamako

.................................................................................................................................................

.............................................................................................................

**V.** Sugestões e propostas para proteger e salvaguardar a qualidade do ar no distrito de Bamako ?

.................................................................................................................................................

.............................................................................................   .............................................

**Guia de entrevista concebido para os médicos do Hospital Distrital. Agradecemos desde já a vossa disponibilidade.**

Prezada Senhora / Senhor

Agradecíamos que nos concedesse uma entrevista no âmbito da nossa investigação de doutoramento no domínio do ambiente sobre o tema *"o impacto do tráfego rodoviário na qualidade do ar em Bamako"*. Agradecemos a sua contribuição, que nos ajudará a combater este tipo de poluição no Distrito de Bamako.

Data:.../ ..../2022

Inicial do nome próprio e apelido /........./........./

**Artigos**

**I.    Qualidade do ar no distrito de Bamako**

- Qual é a qualidade do ar no distrito de Bamako?

Bom/.../Mau/.../Não sabe/.../ Abstenção/.../

**II.    As causas da degradação da qualidade do ar no distrito de Bamako.**

- Causas da poluição atmosférica no distrito de Bamako (assinalar as 6 causas mais importantes)

Indústria /.../ Tráfego rodoviário /.... / Agricultura /.... / Pecuária /.../ Resíduos/..../

Urbanização /..../ Idade do veículo /.../ Incineração /..../ Qualidade do combustível /.../

- Qual é o estado das infra-estruturas rodoviárias no distrito de Bamako?

Bom /.../Muito bom/.../Péssimo /.../Não sabe /.../Abstenção /...../

**III.    As consequências**

-     102.5Quais são as consequências dos poluentes (dióxido de enxofre, dióxido de azoto, partículas (PM e PM ), ozono) para a saúde da população                    de                    Bamako?

.......................................................................................................

.......................................................................................................

...................................................................

## IV.    Sugestões e propostas para proteger e salvaguardar a qualidade do ar em Bamako

...........................................................................................................

...........................................................................................................

..............................................................

# Apêndice 3

**Foto: Cruzamento Bacodjicoroni-Kalabancoro**

**Fonte: fotografia pessoal, maio de 2022**

**Foto: Tour of Africa**

**Fonte: fotografia pessoal, abril de 2022**

**Foto: entrada da estação de autocarros de Sogoniko**

**Fonte: fotografia pessoal, abril de 2022**

**Foto: cruzamento do antigo Liceu Kankou Moussa em Daoudabougou**

**Fonte: fotografia pessoal, abril de 2022**

**Foto: intersecção Alqoods**

**Fonte: fotografia pessoal, maio de 2022**

**Foto: Reviravolta do Banconi**

**Fonte: fotografia pessoal, maio de 2022**

**Foto: intersecção Malilait sa**

**Fonte: fotografia pessoal, maio de 2022**

**Foto: Rotunda de Woyowayanko**

**Fonte: fotografia pessoal, dezembro de 2022**

**Foto: Rotunda da Praça da Independência**

**Fonte: fotografia pessoal, maio de 2022**

# Apêndice 4

## Lista dos sítios utilizados como bases de amostragem

| Sítios | Coordenadas geográficas | |
|---|---|---|
| | Latitude | Longitude |
| Rotunda: Sotuba ACI | 12.6534369 | -7.9319253 |
| Cruzamento: Jardin du Cinquantenaire | 12.6548544 | -8.0067098 |
| Rotunda: Woyowayanko | 12.6126457 | -80446004 |
| Rotunda: Place de l'indépendance | 12.6373933 | -8.0042717 |
| Rotunda: Hipopótamo | 12.6454112 | -8.0093061 |
| Rotunda: Cabral | 12.6378412 | -8.0380531 |
| Rotunda de N'Kwamé Kuruma, | 12.6370339 | -8.0171025 |
| Rotunda: la Combe | 12.6310523 | -8.0107022 |
| Rotunda da Place des soldats inconnus | 12.646463 | -8.0011964 |
| Roundabout:Kontron ani Sané | 12.6429895 | -7.9398478 |
| Rotunda: IOTA | 12.6430065 | -7.9941424 |
| Rotunda: Grand Hôtel | 12.6496617 | -8.0002317 |
| Intersecção: Pharmacie M'Pewo | 12.6315314 | -8.04266345 |
| Rotunda: Eléphant | 12.6420247 | -8.0209598 |
| Intersecção: Mercado Médine | 12.6588907 | -7.9876386 |
| Rotunda: Ponto G. | 12.6723371 | -8.0060132 |
| Ponto de encontro de África | 12.5841166 | -7.9431958 |
| Intersecção da estação ORYX de Sabalibougou | 12.5829761 | -7.9975318 |
| Intersecção do semáforo de Kalabancoura | 12.3518 | - 7 .5930 |
| Intersecção BIM Estrada do aeroporto de Kalabancoura | 12.5716794 | -7.9835856 |
| Intersecção Torobougoumarket | 12.6079405 | -8.0064134 |
| Rotunda Y: saída Sébénikoro | 12.5803839 | -8.0730985 |
| Cruzamento Bacodjicoroni-Kalabancoro | 12.5833791 | -8.0232362 |
| Agência Nacional de Meteorologia | 12.5547245 | -7.9632239 |

| | | |
|---|---|---|
| Intersecção Sogoniko Mairie | **12.6012078** | **-7.96513285** |
| Rotunda da ONAP | **12.567416** | **-7.9398478** |
| Rotunda do Tour d'Afrique | **12.63890082** | **-7.9969815** |
| Cruzamento de Entrée pont martyr em Badalabougou SEMA | **12.6241784** | **-7.98889618** |
| Intersecção Faso Kanou | **12.6067054** | **-7.9726526** |
| ePonte da rotunda 3 em Yirimadio | **12.6095315** | **-7.9153382** |
| Cruzamento: Colline du Savoir | **12.6136065** | **-7.9930628** |
| Quartel dos bombeiros de Roundabout Campo de golfe de Kalabancoro | **12.573475** | **-8.0064767** |
| Niamana A.T.T. Bougou | **12.5923795** | **-7.86632792** |

**Fonte: inquéritos pessoais, 2021**

**Dados brutos obtidos nos sítios**

**Quadro: Amostras colhidas na quarta-feira, 19 de janeiro de 2022**

| Unidade de medida: ppm | | | | | | | | | |
| --- | --- | --- | --- | --- | --- | --- | --- | --- | --- |
| Poluentes / Sítios (2 Rives) | Inter. LKM Daoudabougou | Entrada da estação de Sogoniko | Visita à África de Faladjà | Inter. O falecido | Inter. Bacodjicoroni-Kalabancoro | Rotunda de | Ponto de referência local | Inter. Alqoods | Volta de Banconi | Inter. Malilait sa |
| $PM_{10}$ | 0,030 | 0,026 | 0,06 | 0,013 | 0,033 | 0,016 | 0,004 | 0,004 | 0,021 | 0,050 |
| $PM_{2.5}$ | 0,010 | 0,007 | 0,06 | 0,006 | 0,014 | 0,009 | 0,006 | 0,010 | 0,009 | 0,020 |
| $SO_2$ | 0,001 | 0,010 | 0,004 | 0,030 | 0,036 | 0,029 | 0,045 | 0,069 | 0,057 | 0,049 |
| $NÃO_2$ | 00,018 | 0,02 | 0,01 | 0,003 | 0,000 | 0,000 | 0,01 | 0,000 | 0,000 | 0,000 |
| $O_3$ | 0,000 | 0,000 | 0,000 | 0,000 | 0,000 | 0,000 | 0,000 | 0,000 | 0,000 | 0,713 |

**Fonte: inquéritos pessoais, 2022**

**Quadro: Amostras colhidas na quarta-feira, 28 de abril de 2022**

| Unidade de medida: ppm |
| --- |

| Poluentes<br>Locais (RD) | Inter. LKM Daoudabougou | Entrada da estação de Sogoniko | Visita à África de Faladjiè | Inter. O falecido Kalabancoura | Inter. Bacodjicoroni-Kalabancoro |
|---|---|---|---|---|---|
| PM$_{10}$ | 0.147 | 0.112 | 0.042 | 0.090 | 0.144 |
| PM$_{2.5}$ | 0.081 | 0.022 | 0.015 | 0.043 | 0.027 |
| SO$_2$ | 0.000 | 0,000 | 0.000 | 0.01 | 0.000 |
| NÃO$_2$ | 0.090 | 0.097 | 0.077 | 0.131 | 0.12 |
| O$_3$ | 0.000 | 0,000 | 0.000 | 0.000 | 0.000 |

Fonte: inquéritos pessoais, 20

## Quadro: Amostras colhidas na quarta-feira, 10 de maio de 2022

| Unidade de medida: ppm | | | | | |
|---|---|---|---|---|---|
| Poluentes<br>Sítios (RG) | Rotunda de Woyowayanko | Ponto de referência local de | Inter. Alqoods | Volta de Banconi | Inter. Malilait seu |
| PM$_{10}$ | 0.037 | 0.034 | 0.015 | 0.022 | 0.022 |
| PM$_{2.5}$ | 0.008 | 0.015 | 0.007 | 0.007 | 0.006 |
| SO$_2$ | 0.000 | 0.000 | 0.000 | 0.000 | 0.000 |
| NÃO$_2$ | 0.000 | 0.000 | 0.000 | 0.000 | 0.000 |
| O$_3$ | 0.000 | 0.000 | 0.000 | 0.000 | 0.000 |

Fonte: inquéritos pessoais, 2022

**Quadro: Amostras colhidas na quarta-feira, 8 de agosto de 2022**

| Poluentes / Sítios (2 Rives) | Unidade de medida: ppm | | | | | | | | | |
| --- | --- | --- | --- | --- | --- | --- | --- | --- | --- | --- |
| | Inter. LKM | Entrada da estação de | Visita à África de | Inter. O falecido | Inter. Bacodjicoroni- | Rotunda de | Ponto de referência do local de | Inter. Alqoods | Volta de Banconi | Inter. Malilait sa |
| $PM_{10}$ | 0,016 | 0,065 | 0,006 | 0,038 | 0,007 | 0,010 | 0,014 | 0,025 | 0,026 | 0,016 |
| $PM_{2.5}$ | 0,007 | 0,021 | 0,002 | 0,007 | 0,002 | 0,005 | 0,006 | 0,009 | 0,008 | 0,006 |
| $SO_2$ | 0,013 | 0,014 | 0,027 | 0,044 | 0,056 | 0,037 | 0,026 | 0,010 | 0,022 | 0,002 |
| $NÃO_2$ | 0,000 | 0,000 | 0,000 | 0,02 | 0,000 | 0,000 | 0,000 | 0,000 | 0,000 | 0,000 |
| $O_3$ | 0,000 | 0,000 | 0,000 | 0,000 | 0,000 | 0,000 | 0,000 | 0,000 | 0,000 | 0,000 |

**Fonte: inquéritos pessoais, 2022**

# Apêndice 7

**Dados convertidos para µg/m³**

**Quadro: amostras colhidas no local da rotunda de Woyowayanko**

| Poluentes / Datas | $PM_{10}$ µg/m³ | $PM_{2.5}$ µg/m³ | $SO_2$ µg/m³ | $NÃO_2$ µg/m³ | $O_3$ µg/m³ | °C | Velocidade do vento m/s | Humidade % | Direção do vento | Latitude | Longitude | Altitude |
|---|---|---|---|---|---|---|---|---|---|---|---|---|
| 19 de janeiro de 2022 | 18,97 | 10,67 | 34,39 | 0 | 0 | 25 | 2.6 | 27 | Nordeste | 008°02'40,7" | 12°36'46,4" | 326m |
| 10 de maio de 2022 | 43,88 | 9,48 | 0 | 0 | 0 | 30 | 1.2 | 62 | Noroeste | | | |
| 8 de agosto de 2022 | 11,86 | 5,93 | 43,88 | 0 | 0 | 27 | 2.1 | 83 | Sudoeste | | | |

**Fonte: inquéritos pessoais, 2022**

**Quadro: amostras colhidas no local da rotunda da Place de l'Indépendance**

| Poluentes | $PM_{10}$ | $PM_{2.5}$ | $SO_2$ | $NÃO_2$ | $O_3$ | °C | Velocidade do vento | Humidade de | Direção do vento | Latitude | Longitude | Altitude |
|---|---|---|---|---|---|---|---|---|---|---|---|---|
| | | | | | | | | | | | | |

| Datas | µg/m³ | µg/m³ | µg/m³ | µg/m³ | µg/m³ | °C | m/s | % | | Latitude | Longitude | Altitude |
|---|---|---|---|---|---|---|---|---|---|---|---|---|
| 19 de janeiro de 2022 | 4,74 | 7,11 | 53,37 | 11,86 | 0 | 25 | 2.6 | 27 | Nordeste | 008°00'17,4" | 12°35'52,4" | 334m |
| 10 de maio de 2022 | 40,32 | 17,79 | 0 | 0 | 0 | 30 | 1.2 | 62 | Noroeste | | | |
| 8 de agosto de 2022 | 16,60 | 7,11 | 30,38 | 0 | 0 | 27 | 2.1 | 83 | Sudoeste | | | |

**Fonte: inquéritos pessoais, 2022**

**Quadro: amostras colhidas no local da intersecção de Alqoods**

| Poluentes / Datas | PM$_{10}$ µg/m³ | PM$_{2.5}$ µg/m³ | SO$_2$ µg/m³ | NÃO$_2$ µg/m³ | O$_3$ µg/m³ | °C | Velocidade do vento m/s | Humidade de % | Direção do vento | Latitude | Longitude | Altitude |
|---|---|---|---|---|---|---|---|---|---|---|---|---|
| 19 de janeiro de 2022 | 4,74 | 11,9 | 81,8 | 0 | 0 | 25 | 2.6 | 27 | Nordeste | 007°59'40,0" | 12°39'02,6" | 339m |
| 10 de maio de 2022 | 17,79 | 8,3 | 0 | 0 | 0 | 30 | 1.2 | 62 | Noroeste | | | |
| 8 de agosto de 2022 | 29,65 | **10,67** | 11,86 | 0 | 0 | 27 | 2.1 | 83 | Sudoeste | | | |

**Fonte: inquéritos pessoais, 2022**

## Quadro: amostras colhidas na zona de viragem de Banconi

| Poluentes / Datas | $PM_{10}$ $\mu g/m^3$ | $PM_{2.5}$ $\mu g/m^3$ | $SO_2$ $\mu g/m^3$ | $NÃO_2$ $\mu g/m^3$ | $O_3$ $\mu g/m^3$ | °C | Velocidade do vento m/s | Humidade % | Direção do vento | Latitude | Longitude | Altitude |
|---|---|---|---|---|---|---|---|---|---|---|---|---|
| 19 de janeiro de 2022 | 24,90 | 10,67 | 67,60 | 0 | 0 | 25 | 2.6 | 27 | Nordeste | 007°57'34,3" | 12°39'36,9" | 331m |
| 10 de maio de 2022 | 26,09 | 8,30 | 0 | 0 | 0 | 30 | 1.2 | 62 | Noroeste | | | |
| 8 de agosto de 2022 | 30,83 | 9,48 | 26,09 | 0 | 0 | 27 | 2.1 | 83 | Sudoeste | | | |

**Fonte: inquéritos pessoais, 2022**

## Quadro: amostras colhidas no local da intersecção Malilait sa

| Poluentes | $PM_{10}$ | $PM_{2.5}$ | $SO_2$ | $NÃO_2$ | $O_3$ | °C | Velocidade do vento | Humidade | Direção do vento | Latitude | Longitude | Altitude |
|---|---|---|---|---|---|---|---|---|---|---|---|---|
| | | | | | | | | | | | | |

| Datas | µg/m³ | µg/m³ | µg/m³ | µg/m³ | µg/m³ | | m/s | % | | | | |
|---|---|---|---|---|---|---|---|---|---|---|---|---|
| 19 de janeiro de 2022 | 59,30 | 23,70 | 58,11 | 0 | 845,56 | 25 | 2.6 | 27 | Nordeste | 007°57'55,1" | 12°39'00,1" | 333m |
| 10 de maio de 2022 | 26,09 | 7,11 | 0 | 0 | 0 | 30 | 1.2 | 62 | Noroeste | | | |
| 8 de agosto de 2022 | 18,97 | 7,11 | 2,37 | 0 | 0 | 27 | 2.1 | 83 | Sudoeste | | | |

**Fonte: inquéritos pessoais, 2022**

**Quadro: amostras recolhidas no local de intersecção do liceu Kankou Moussa Daoudabougou**

| Poluentes / Datas | $PM_{10}$ µg/m³ | $PM_{2.5}$ µg/m³ | $SO_2$ µg/m³ | $NÃO_2$ µg/m³ | $O_3$ µg/m³ | °C | Velocidade do vento m/s | Humidade % | Direção do vento | Latitude | Longitude | Altitude |
|---|---|---|---|---|---|---|---|---|---|---|---|---|
| 19 de janeiro de 2022 | 35,58 | 11,86 | 1,18 | 21,34 | 0 | 25 | 2.6 | 27 | Nordeste | 007°58'43,3" | 12°36'57,2" | 331m |
| 28 de abril de 2022 | 174,35 | 96,07 | 0 | 106,74 | 0 | 30 | 1.2 | 62 | Noroeste | | | |
| 8 de agosto de 2022 | 18,97 | 8,30 | 15,41 | 0 | 0 | 27 | 2.1 | 83 | Sudoeste | | | |

**Fonte: inquéritos pessoais, 2022**

**Quadro: amostras colhidas no local de entrada da auto-estação de Sogoniko**

| Poluentes<br>Datas | PM$_{10}$<br>µg/m³ | PM$_{2.5}$<br>µg/m³ | SO$_2$<br>µg/m³ | NÃO$_2$<br>µg/m³ | O$_3$<br>µg/m³ | °C | Velocidade do vento<br>m/s | Humidade<br>% | Direção do vento | Latitude | Longitude | Altitude |
|---|---|---|---|---|---|---|---|---|---|---|---|---|
| 19 de janeiro de 2022 | 30,83 | 8,30 | 11,86 | 23,72 | 0 | 25 | 2.6 | 27 | Nordeste | 007°97'36,5" | 12°35'52,4" | 347m |
| 28 de abril de 2022 | 132,84 | 26,09 | 0 | 115,05 | 0 | 30 | 1.2 | 62 | Noroeste | | | |
| 8 de agosto de 2022 | 77,09 | 24,90 | 16,60 | 0 | 0 | 27 | 2.1 | 83 | Sudoeste | | | |

**Fonte: inquéritos pessoais, 2022**

**Quadro: amostras colhidas no sítio do Tour de l'Afrique Faladjiè**

| Poluentes / Datas | PM$_{10}$ $\mu g/m^3$ | PM$_{2.5}$ $\mu g/m^3$ | SO$_2$ $\mu g/m^3$ | NÃO$_2$ $\mu g/m^3$ | O$_3$ $\mu g/m^3$ | °C | Velocidade do vento m/s | Humidade % | Direção do vento | Latitude | Longitude | Altitude |
|---|---|---|---|---|---|---|---|---|---|---|---|---|
| 19 de janeiro de 2022 | 71,16 | 71,16 | 4,74 | 11,86 | 0 | 25 | 2.6 | 27 | Nordeste | 007°56'36,6" | 12°35'05,3" | 326m |
| 28 de abril de 2022 | 49,81 | 17,79 | 0 | 91,32 | 0 | 30 | 1.2 | 62 | Noroeste | | | |
| 8 de agosto de 2022 | 7,11 | 2,37 | 32,02 | 0 | 0 | 27 | 2.1 | 83 | Sudoeste | | | |

**Fonte: inquéritos pessoais, 2022**

**Quadro: amostras colhidas no local da intersecção do semáforo de Kalabancoura**

| Poluentes | PM$_{10}$ | PM$_{2.5}$ | SO$_2$ | NÃO$_2$ | O$_3$ | °C | Humidade | Direção do vento | Latitude | Longitude | Altitude |
|---|---|---|---|---|---|---|---|---|---|---|---|
| | | | | | | | | | | | |

| Datas | µg/m³ | µg/m³ | µg/m³ | µg/m³ | µg/m³ | | Velocidade do vento m/s | % | | | | |
|---|---|---|---|---|---|---|---|---|---|---|---|---|
| 19 de janeiro de 2022 | 15,41 | 7,11 | 35,58 | 3,55 | 0 | 25 | 2.6 | 27 | Nordeste | 007°59'30,8" | 12°35'18,6" | 331m |
| 28 de abril de 2022 | 106,74 | 51 | 11,86 | 155,37 | 0 | 30 | 1.2 | 62 | Noroeste | | | |
| 8 de agosto de 2022 | 45,07 | 8,3 | 52,18 | 23,72 | 0 | 27 | 2.1 | 83 | Sudoeste | | | |

**Fonte: inquéritos pessoais, 2022**

**Quadro: amostras colhidas no local da intersecção Bacodjicoroni-Kalabancoro**

| Poluentes | PM$_{10}$ | PM$_{2.5}$ | SO$_2$ | NÃO$_2$ | O$_3$ | °C | Velocidade do vento m/s | Humidade % | Direção do vento | Latitude | Longitude | Altitude |
|---|---|---|---|---|---|---|---|---|---|---|---|---|
| Datas | µg/m³ | µg/m³ | µg/m³ | µg/m³ | µg/m³ | | | | | | | |
| 19 de janeiro de 2022 | 39,14 | **16,60** | **42,69** | 0 | 0 | 25 | 2.6 | 27 | Nordeste | 008°01'23,4" | 12°35'00,1" | 341m |
| 28 de abril de 2022 | 170,79 | 32,02 | 0 | 142,33 | 0 | 30 | 1.2 | 62 | Noroeste | | | |

| 8 de agosto de 2022 | 8,3 | 2,37 | 66,42 | 0 | 0 | 27 | 2.1 | 83 | Sudoeste | | | |

**Fonte: inquéritos pessoais, 2022**

**Conversão de ppm em µg/m³**

**Fórmula utilizada: 40,9 x ppm x peso**

**molecular (29**

# ÍNDICE DE CONTEÚDOS

Printed by Books on Demand GmbH, Norderstedt / Germany